1000+ SUDOKU
EASY TO HARD PUZZLES

Contextionary : Growing Together

Innovation is at the heart of all the products we create. Our books are designed to grow your skills as a player and create a better you, puzzle after puzzle. In this book you will find electronic step-by-step solutions to each Sudoku puzzle that will help you improve your ability to recognize patterns and become a stronger player after every page. The book also features a brain effort measure for each puzzle on a scale from 0 to 10,000. Beginners and Experts alike will always find the right amount of challenge from a large set of more than a thousand Sudoku puzzles.

1000+ Sudoku Easy to Hard is part of the *One to Nine* family of puzzle books available on our website. Discover the full catalog and great tools to sharpen your skills on:

www.contextionary.com

Subscribe to our Newsletter on the website to earn incredible perks that come with the purchase of this book.

CONTACT US

We would love to hear from you. If you have any questions, comments or suggestions about the book, please drop us an email to the address below:

gtasse@contextionary.com

A SPECIAL REQUEST

Your brief Amazon review will really help us. Thanks for sharing your feedback. This link will take to you the Amazon.com review page for this book:

contextionary.com/review59

ANSWERS AND DETAILED STEP-BY-STEP SOLUTIONS

Check the answers or the step-by-step solutions to any puzzle on the solution App by scanning the QR code below:

When opening the solution App, follow the below 3 simple steps:

STEP 1- Choose whether you want to view the step-by-step solutions or the full answers to the puzzles

STEP 2- Type a puzzle id in the search bar

STEP 3- Click on the desired puzzle to access its solution

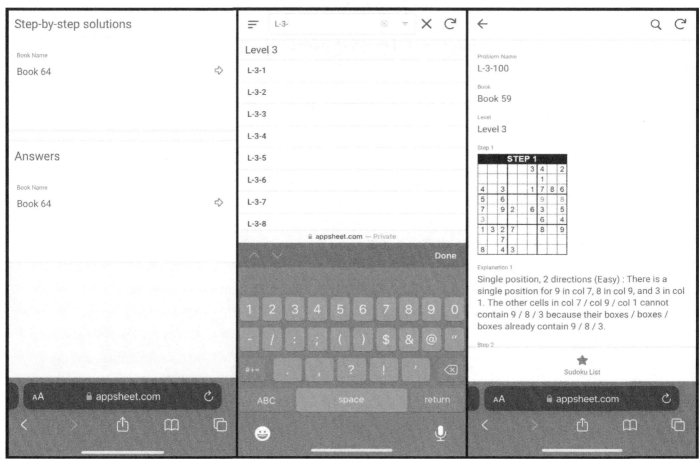

CONTENTS

SUDOKU RULES

Simply fill in the empty squares so that every row, column, and 3x3 box contains the numbers from 1 to 9 with no repeats. A Sudoku puzzle will have only one possible solution. For example, here is a solved puzzle:

3	9	6	7	8	1	5	2	4
8	1	5	2	3	4	7	6	9
2	7	4	5	6	9	8	1	3
4	2	3	8	5	6	9	7	1
7	6	8	1	9	2	3	4	5
9	5	1	3	4	7	2	8	6
5	3	2	4	1	8	6	9	7
6	4	7	9	2	3	1	5	8
1	8	9	6	7	5	4	3	2

3	9	6	7	8	1	5	2	4
8	1	5	2	3	4	7	6	9
2	7	4	5	6	9	8	1	3
4	2	3	8	5	6	9	7	1
7	6	8	1	9	2	3	4	5
9	5	1	3	4	7	2	8	6
5	3	2	4	1	8	6	9	7
6	4	7	9	2	3	1	5	8
1	8	9	6	7	5	4	3	2

As you can see, all nine rows, nine columns and nine 3x3 boxes contain the numbers 1, 2, 3, 4, 5, 6, 7, 8, and 9, with no repeats.

CELLS								
R1C1	R1C2	R1C3	R1C4	R1C5	R1C6	R1C7	R1C8	R1C9
R2C1	R2C2	R2C3	R2C4	R2C5	R2C6	R2C7	R2C8	R2C9
R3C1	R3C2	R3C3	R3C4	R3C5	R3C6	R3C7	R3C8	R3C9
R4C1	R4C2	R4C3	R4C4	R4C5	R4C6	R4C7	R4C8	R4C9
R5C1	R5C2	R5C3	R5C4	R5C5	R5C6	R5C7	R5C8	R5C9
R6C1	R6C2	R6C3	R6C4	R6C5	R6C6	R6C7	R6C8	R6C9
R7C1	R7C2	R7C3	R7C4	R7C5	R7C6	R7C7	R7C8	R7C9
R8C1	R8C2	R8C3	R8C4	R8C5	R8C6	R8C7	R8C8	R8C9
R9C1	R9C2	R9C3	R9C4	R9C5	R9C6	R9C7	R9C8	R9C9

BOXES		
1	2	2
4	5	6
7	8	9

In the next sections and in the solution App we will refer to a cell by its row number and column number. For example, the cell in black at row 9 and column 1 in the grid on the left above will be referred to as cell R9C1. Boxes will go from box 1 to box 9. For example, the box in black in the grid on the right above with be referred to as box 7.

SUDOKU TUTORIAL 1: HIDDEN SINGLES

Spotting hidden singles is the most common and basic strategy to start with while solving a Sudoku puzzle. This strategy is sufficient to solve all Easy Sudoku puzzles.

Procedure to find a hidden single

1- Select a unit to scan (a unit is either a row, a column or a box)

2- Choose a candidate number to scan for in the selected unit

3- Mentally eliminate all the cells of the selected unit that cannot contain the candidate number

4- If only one cell remains after the elimination process, that cell hides a single which is your candidate number

5- Write down the candidate number as your answer into the cell hiding the single

ROW SCAN (FOR 6)

		7	8	3			9	
	2		4	1	6	7	5	3
7	4	3	NO	NO	NO	8	1	YES
		7				9		
4	5	1				6	8	7
			6	7	4			
5				2				2
		9			1			
		6				3		

When we scan row 3 for '6', we can observe that the three cells marked "NO" cannot contain '6' because there is already '6' in their box. Therefore, the cell marked "YES" is the only cell in row 3 that can contain '6'.

COLUMN SCAN (FOR 8)

	4	1	5		2			
	2	3	9	4	5			
5		1	YES	2		9		
		5	NO	1		8		
		8	NO	6		1		
7	1	9	5	8	2	3	4	6
		3	6	7	8	4		
8	5	6	2	4	1	7	9	3
1	4	7	9	3	5	6	2	8

When we scan column 4 for '8', we can observe that the two cells marked "NO" cannot contain '8' because there is already '8' in their rows. Therefore, the cell marked "YES" is the only cell in column 4 that can contain '8'.

BOX SCAN (FOR 2)

3	5	1			7			8
6	7	NO		2		1	3	
4	NO	YES	1			5	7	
8	6	3	9	7	2	4	5	1
	2				1		8	
1		5			8			7
		6		5	1			3
	3			4			1	5
5	1		7			6		

When we scan box 1 for '2', we can observe that the two cells marked "NO" cannot contain '2' because there is already '2' in their row or column. Therefore, the cell marked "YES" is the only cell in box 1 that can contain '2'.

WARM-UP 1: HIDDEN SINGLES

Practice your ability to spot hidden singles by finding the next value in the puzzles on the left below. Check the solutions on the right.

HIDDEN SINGLE

8	3			5		2		4
		9			8			
5					6		8	
7	8			6	9	4	5	1
	9		5	8	4		7	
4		5	7	1	?			8
		8						6
					8			
2		8		3	5		1	7

What is the value in the cell with the question mark?

HIDDEN SINGLE

8	3			5		2		4
		9			8			
5					6		8	
7	8			6	9	4	5	1
	9		5	8	4		7	
4		5	7	1	3			8
		8						6
					8			
2		8		3	5		1	7

Single position, 3 directions (Medium) :
There is a single position for '3' in column 6. The impossible positions are the empty gray cells.

HIDDEN SINGLE

4		3	7			6		
	8	?	3	4			5	7
5	7	2			9			6
		5			3			9
	3			9			1	
2			4			7	3	
6	2		5			3		
	5			3			7	
3		7			1	5		2

What is the value in the cell with the question mark?

HIDDEN SINGLE

4		3	7			6		
	8	6	3	4			5	7
5	7	2			9			6
		5			3			9
	3			9			1	
2			4			7	3	
6	2		5			3		
	5			3			7	
3		7			1	5		2

Single position, 3 directions (Medium) :
There is a single position for '6' in box 1. The other cells in box 1 cannot contain '6' because their rows and columns already contain '6'.

8

SUDOKU TUTORIAL 2: NAKED SINGLES

Spotting naked singles is a strategy used by most players when opportunities to use the hidden single strategy have been exhausted. It is often required when solving Medium to Hard Sudoku puzzles.

Procedure to find a naked single

1- Select a target cell you want to investigate. It has nine possible candidate numbers

2- Scan the other cells in the row of the target cell

3- Mentally eliminate the values in those other cells from the possible candidate numbers of the target cell

4- If only one candidate number is left in the target cell, then it is a naked single

5- If there are more than one candidate number left in the target cell, scan the column of the target cell to eliminate more values, then the box if necessary until you are left with a naked single

6- If you could find a naked single, write it down as your answer into the target cell

ROW+COLUMN

1				5				8
	6		2		9		3	
		8				6		
	1		3	6	7		2	
6			8	1	4		?	7
	8		5	9	2		6	
		1				8		6
	5		6		1		9	
2				3				4

'1', '4', '6', '7', and '8' are in the row of the black cell. So the black cell cannot take those values. '2', '3', '6', and '9' are in the column of the black cell. So, the black cell cannot take those values. Therefore, the only possible value the black cell can take is '5'.

COLUMN+BOX

1	9	3	5	2	7	8	6	4
5			9			2	3	1
								5
9			6		5	?		3
8	3	6	4	9	2	1	5	7
		5	8		3	6		9
2				5	8			6
	5	1	2		9			8
	8			4		5		2

'1', '2', '5', '6', and '8' are in the column of the black cell. So, the black cell cannot take those values. '1', '3', '5', '6', '7', and '9' are in the box of the black cell. So, the black cell cannot take those values. Therefore, the only possible value the black cell can take is '4'.

ROW+COLUMN+BOX

3				8	2	4		6	7
					5			3	2
7	2				6			4	5	8
5			3	1	7	6			2
					6				
1	9	7	4	8	2	5	3	6
6	3				9			1	4
8				6	4				3
	?	4				1		6		5

'1', '4', '5', and '6' are in the row of the black cell. So, the black cell cannot take those values. '2', '3', and '9' are in the column of the black cell. So, the black cell cannot take those values. '3', '4', '6', and '8' are in the box of the black cell. So, the black cell cannot take those values. Therefore, the only possible value the black cell can take is '7'.

WARM-UP 2: NAKED SINGLES

Practice your ability to spot naked singles by finding the next value in the puzzles on the left below. Check the solutions on the right.

NAKED SINGLE

9	1		6	2				4
	4			5	9	7	6	
5				4			8	
4	5	2		8	6			
				1	4			
	?			9		6	4	
	7			3				6
6	8	5	4	7	1		2	
3				6	5		1	7

What is the value in the cell with the question mark?

NAKED SINGLE

9	1		6	2				4
	4			5	9	7	6	
5				4			8	
4	5	2		8	6			
				1	4			
	3			9		6	4	
	7			3				6
6	8	5	4	7	1		2	
3				6	5		1	7

Single candidate, 3 directions (Medium) :
Looking at row 6, column 2 and box 4, '3' is the only missing value at cell R6C2.

NAKED SINGLE

	2	3	5	1			7	4
	8		9	7	4	6	2	3
	4			2	3			5
			3	6	7	4		
8		7	2	4	5			6
		4	1	8	9		?	
4				9			3	
3	7	8	4	5	1		6	
				3	2	7	4	

What is the value in the cell with the question mark?

NAKED SINGLE

	2	3	5	1			7	4
	8		9	7	4	6	2	3
	4			2	3			5
			3	6	7	4		
8		7	2	4	5			6
		4	1	8	9		5	
4				9			3	
3	7	8	4	5	1		6	
				3	2	7	4	

Single candidate, 2 directions (Medium):
Looking at row 6 and column 8, '5' is the only missing value at cell R6C8.

SUDOKU TUTORIAL 3: NAKED PAIRS

Spotting naked pairs is an essential strategy when tackling Hard Sudoku puzzles. It assists with the identification of hidden or naked singles by eliminating two possible candidates from all cells sharing a unit with the naked pair cells.

Procedure to find a naked pair

1- Pencil mark all cells in a Sudoku grid that have only two possible values by scanning the cells' row, column, and box

2- Look for any two cells in a same unit (row, column, or box) that are pencil marked with the same two possible values also referred to as a naked pair

A naked pair can help reveal hidden singles

When we find a naked pair in a unit, we can eliminate the two values of the pair from all other cells in that unit which could restrict a given value in the neighboring units to only one possible cell.

REVEALING A HIDDEN SINGLE								
				9			5	
3		5	6	2	4	8	7	
	2	8			5		3	6
5	?	6			9		4	
		3	2	5	1			
2	7		4	68	68	3		5
1	3					5	2	
	5	2						8
			5	4	2			3

The naked pair '68' helps eliminate '8' from the two empty cells in its box. Therefore, the black cell is the only possible cell for the number '8' in row 4.

A naked pair can help reveal naked singles

When we find a naked pair in a unit, we can eliminate the two values of the pair from all other cells in that unit which could restrict some of those cells to only one possible value.

REVEALING A NAKED SINGLE								
3		2	6				1	7
1	9							3
7			1	3		2		
	7			8	1	4	?	56
	1	4					8	56
8		3	4	6			9	1
	8	1		7	6			
5	3	7		1	4		6	2
4				3	1	7		

The naked pair '56' helps eliminate '5' and '6' from the possible values of all cells in its box including the black cell. The black cell can therefore take only one possible value: '3'.

11

WARM-UP 3: NAKED PAIRS

Practice your ability to spot naked pairs by finding the next value in the puzzles on the left below. Check the solutions on the right.

NAKED PAIR

				3	5			
4	5	2	6	7				
	9	3			4			
	2	6				9		
7	4				6			5
		5				4	6	
5			8			6	1	
?				6	5	8		3
		4	9				5	

What is the value in the cell with the question mark?

NAKED PAIR

				3	5			
4	5	2	6	7				
	9	3			4			
	2	6				9		
7	4				6			5
		5				4	6	
5			8			6	1	
2					6	5	8	3
		4	9			27	5	27

Naked Pair (Hard):
Cells R9C7 and R9C9 contain exactly the same two candidates '2' and '7' in row 9. Therefore, there is a single position left for '2' in column 1.

NAKED PAIR

		1	3		8		7	
3	8		6		2	1	4	9
		6		1		8	3	
				6		8		
	1		8	2	7		9	
	6		4					
	3	?		6		9		
6	2							8
1	4	9	2	8	5	7	6	3

What is the value in the cell with the question mark?

NAKED PAIR

		1	3		8		7	
3	8	57	6		2	1	4	9
		6		1		8	3	
				6		8		
	1		8	2	7		9	
	6		4					
	3	8		6		9		
6	2	57						8
1	4	9	2	8	5	7	6	3

Naked Pair (Hard):
Cells R2C3 and R8C3 contain exactly the same two candidates '5' and '7' in column 3. Therefore '8' remains the only candidate left at R7C3.

SUDOKU TUTORIAL 4: POINTING PAIRS

Spotting pointing pairs (or triples) is the most powerful candidate elimination strategy when tackling Hard Sudoku puzzles. It assists with the identification of naked pairs, hidden singles, or naked singles by eliminating the pointing value from cells seen in its direction.

Procedure to find a pointing pair (or triple)

1- Select a box to scan

2- Choose a candidate number to scan for in the selected box

3- Mentally eliminate all the cells of the selected box that cannot contain the candidate number

4- If two (or three) cells remain after the elimination process and both (or the three) belong to the same row or to the same column, then those two (or three) cells hide a pointing pair (or triple)

5- Pencil mark those two (or three) cells with the value of the candidate number

A pointing pair can help reveal hidden singles

When we find a pointing pair in a box, we can eliminate its value from all other cells in the direction of the pointing pair. This could restrict the pointing value in the affected units to only one possible cell.

REVEALING A HIDDEN SINGLE

?			9					3
2				3				5
8	3		4				7	
7	2	6	3	8	9	5	1	4
5	1	3	6	4	2	7	9	8
9	8	4	1	5	7	6	3	5
3	9				6	4	5	7
6						6		9
			9	3		-1		-1

When scanning for the value '1' in box 9, we see that it can only be in one of two cells in that box. Because '1' has to be in one of the two cells and the two cells are in row 9, the first cell of row 9 cannot be '1'. Therefore, the first cell of column 1 (the black cell) is the hidden single '1'.

A pointing pair can help reveal naked singles

When we find a pointing pair in a box, we can eliminate its value from all other cells in the direction of the pointing pair. This could restrict some of those cells to only one possible value.

REVEALING A NAKED SINGLE

?		6		4			-7	-7
2			8	1	6		4	9
9	4	1			7			8
6		2		7	8	4	1	3
3		4	6		1	8		2
	1		2	3	4	9		
5	6		1			7	8	4
4	2		7	8	5			
1			4	6		2		5

When scanning for the value '7' in box 3, we see that it can only be in one of two cells in that box. Because '7' has to be in one of the two cells and the two cells are in row 1, the first cell of row 1 (the black cell) cannot be '7'. '1', '2', '3', '4', '5', '6', or '9' are also impossible in that cell. Therefore, the black cell is the naked single '8'.

WARM-UP 4: POINTING PAIRS

Practice your ability to spot pointing pairs (or triples) by finding the next value in the puzzles on the left below. Check the solutions on the right.

POINTING PAIR

9	7				5		1	6
	5			3	9		2	
	8			7	1		9	
9			1			6	8	
		8		6	7			9
		6		9	8			1
		2		1	4	9		8
8	4	9			5	?	1	3
7				9	8		4	

What is the value in the cell with the question mark?

POINTING PAIR

9	7				5		1	6
	5	-6		3	9		2	
	8	-6		7	1		9	
9			1			6	8	
		8		6	7			9
		6		9	8			1
		2		1	4	9		8
8	4	9			5	6	1	3
7				9	8		4	

Pointing Pair (Hard) : Looking at column 4, '6' is in one of two cells in box 2 and points vertically, thus eliminating one position for '6' at R8C4 in row '8'. Therefore, there is a single position left for '6' in row 8 at R8C6.

POINTING PAIR/TRIPLE

			6		1			
6	1	4			8	5	9	
		5				6		
			8	1	7			5
8	7	1	2		5	9		3
?		5						
4				7				8
	5	3	9	8	4	3	7	6
								9

What is the value in the cell with the question mark?

POINTING PAIR/TRIPLE

			6		1			
6	1	4			8	5	9	
		5				6		
			8	1	7			5
8	7	1	2		5	9		3
2		5	-3	-39	-39			
4				7				8
	5	3	9	8	4	3	7	6
								9

Pointing Pair/Triple (Hard) : Looking at row 6, '3' is in one of three cells in box 5 and points horizontally, thus removing one position for '3' at R6C1 in row 6. Looking at row 6, '9' is in one of two cells in box 5 and points horizontally, thus removing one position for '9' at R6C1 in row 6. Therefore '2' remains the only candidate left at R6C1.

SUDOKU TUTORIAL 5: CLAIMING PAIRS

Spotting claiming pairs (or triples) is an advanced candidate elimination strategy and follows the same logic as spotting pointing pairs. It assists with the identification of naked pairs, hidden singles, or naked singles by eliminating the claiming value from cells seen in its box.

Procedure to find a claiming pair (or triple)

1- Select a row (or column) to scan

2- Choose a candidate number to scan for in the selected row (or column)

3- Mentally eliminate all the cells of the selected row (or column) that cannot contain the candidate number

4- If two (or three) cells remain after the elimination process and both (or the three) belong to the same box, then those two (or three) cells hide a claiming pair (or triple)

5- Pencil mark those two (or three) cells with the value of the candidate number

A claiming pair can help reveal hidden singles

When we find a claiming pair, we can eliminate its value from all other cells in its box. This could restrict the claiming value in the affected units to only one possible cell.

REVEALING A HIDDEN SINGLE

	?		4	3	7	1		
	1		7		9		3	5
6	3	7	5	8	1	4	2	9
					5		7	2
7	5	1		9	2	3	4	
-8	2	-8	4		7	5	9	1
	7				4	9	6	3
1	6	3	9	7	8	2	5	4
2	4	9	3	5	6	1	8	7

When scanning for the value 8 in row six, we see that it can only be in one of two cells in that row. Because 8 has to be in one of the two cells and the two cells are in box four, all the other cells in box four cannot be 8. Therefore, the first cell of column two (the black cell) is the hidden single 8.

A claiming pair can help reveal naked singles

When we find a claiming pair, we can eliminate its value from all other cells in its box. This could restrict some of those cells to only one possible value.

REVEALING A NAKED SINGLE

			3	6	7			
		1	2	9	5	3		
	6		8	1	4		5	
	9	7		5	3	8	2	
2	3	5		4	8	1		7
	8	6		7	2	5	3	
	1		5	2	9	-6	8	?
		8	7	3	6	2		
			4	8	1	-6		

When scanning for the value '6' in column 7, we see that it can only be in one of two cells in that column. Because '6' has to be in one of the two cells and the two cells are box 9, the black cell in box 9 cannot be '6'. '1', '2', '4', '5', '7', '8' or '9' are also impossible in that cell. Therefore, the black cell is the naked single '3'.

WARM-UP 5: CLAIMING PAIRS

Practice your ability to spot claiming pairs (or triples) by finding the next value in the puzzles on the left below. Check the solutions on the right.

CLAIMING PAIR

1	6	4	2	7	9	8	5	3
	5		6	4	3		9	
2	9	3	5	1	8	4	6	7
4	3	5	1	9	2	6	7	8
?	2	3	6		5			
	1			8	5		3	
3			2					5
	4		8	5	1	3	2	
5	2			3				

What is the value in the cell with the question mark?

CLAIMING PAIR

1	6	4	2	7	9	8	5	3
	5		6	4	3		9	
2	9	3	5	1	8	4	6	7
4	3	5	1	9	2	6	7	8
7	2	3	6		5			
	1			8	5		3	
3			2					5
-7	4	-7	8	5	1	3	2	
5	2			3				

Claiming Pair (Hard) : Looking at row 8, '7' is in one of two cells in box 7 because the other cells of row 8 cannot contain '7'. Looking at col 2, there is a single position for '7' at R5C2 because the other cells of col 2 cannot contain '7'.

CLAIMING TRIPLE

3		5	?			2	6	
	7						3	
		6		3				5
7		3		1		6		2
		7	6					3
	6	4	3			5	7	
	3			9			5	
5	8	7	1	3	6		2	
2	4	9	8	5	7	3	1	6

What is the value in the cell with the question mark?

CLAIMING TRIPLE

3		5	9	-4		2	6	
	7			-4			3	
		6	-4	3				5
7		3		1		6		2
		7	6					3
	6	4	3			5	7	
	3			9			5	
5	8	7	1	3	6		2	
2	4	9	8	5	7	3	1	6

Claiming Triple (Hard) : Looking at col 5, '4' is in one of three cells in box 2 because the other cells of col 5 cannot contain '4'. Therefore '9' remains the only candidate left at R1C4.

SUDOKU TUTORIAL 6: X-WINGS

If all the strategies we discussed so far fail to find a new number, the player should consider scanning the Sudoku grid for an X-Wing configuration which is an advanced candidate elimination technique. When a candidate number has two possible spots in a row, two possible spots in a parallel row, and those four spots are restricted to two columns, then we have a row-based X-Wing configuration. When a candidate number has two possible spots in a column, two possible spots in a parallel column, and those four spots are restricted to two rows, we have a column-based X-Wing configuration. Although X-Wings may be difficult to spot as it requires a deep mental exercise to follow a number in parallel rows or columns, advanced and expert players used to that pattern can recognize them fairly easily.

Procedure to find an X-Wing
1- Select two rows (or columns) to scan
2- Choose a candidate number (or X-Wing value) to scan for in the two selected rows (or columns)
3- Mentally identify in each of the two rows (or columns) all the spots that can contain the candidate number
4- If each of the two rows (or columns) has exactly two spots that can contain the candidate number and those four spots are restricted to exactly two columns (or rows), then pencil mark the four spots with the value of the candidate number. The four spots form a rectangle that is referred to as an X-Wing
5- As a result, the candidate number (or X-Wing value) should be eliminated from all other cells in the columns (or rows) of the four spots

When to suspect the presence of an X-Wing configuration
1- Two rows have almost the same number of empty cells and some of those empty cells are aligned

2- Two columns have almost the same number of empty cells and some of those empty cells are aligned

An X-Wing can help reveal hidden singles
When we find a row-based (or column-based) X-Wing, we can eliminate its value from all other cells in the columns (or rows) of its four spots. This could restrict the X-Wing value in the affected units to only one possible cell.

REVEALING A HIDDEN SINGLE

2	3		6	8		1		
8		6		2	1		3	
	4			3		8	2	6
7	-1	2	3	-1		6		4
	8	3	2	4	6		9	
4	6	9		7	5	3	?	2
3	7			5	2		6	
6	-1		7	-1		2		3
	2	4		6	3		7	

When scanning for the value '1' in columns 2 and 5, we see that it can only be in four spots forming an X-Wing configuration. The X-Wing configuration eliminates '1' from two cells in column 8. Therefore the black cell in column 8 is the hidden value '1'.

An X-Wing can help reveal naked singles
When we find a row-based (or column-based) X-Wing, we can eliminate its value from all other cells in the columns (or rows) of its four spots. This could restrict some of the cells in the affected units to only one possible value.

REVEALING A NAKED SINGLE

5	-8	7	3	-8	4	6		9
	3	6		9			5	4
	9	4				3		
9		3		?		2		6
			9		1		3	
			3				9	
3	-8	9	1	-8	2	7		4
4	6	2	7	5	9	1	8	3
7				4	3	9		2

When scanning for the value '8' in rows 1 and 7, we see that it can only be in four spots forming an X-Wing configuration. The X-Wing configuration eliminates '8' from the black cell. When scanning the black cell's row, column, and box, we can also eliminate '1', '2', '3', '4', '5', '6', and '9' from the black cell. Therefore, the black cell is the naked single '7'.

WARM-UP 6: X-WINGS

Practice your ability to spot X-Wings by finding the next value in the puzzles on the left below. Check the solutions on the right.

X-WING

							5	
1	4	?			7	2	3	9
	9			2				1
6		8		5		3		7
			6	7	8			
7		4	3	2				8
5			7			4		
4	8	7	2		5		9	3
	6				3			

What is the value in the cell with the question mark?

X-WING

				-6		5	-6	
1	4	6			7	2	3	9
	9			2				1
6		8		5		3		7
		6	7	8				
7		4	3	2				8
5			7		-6	4		-6
4	8	7	2		5		9	3
	6				3			

X-Wing (Hard): Looking at columns 6 and 9, the value '6' is restricted exactly to two rows 1 and 7. Therefore each of those two rows contains a '6' that is restricted only to columns 6 and 9. Therefore '6' can be removed from the other cells of rows 1 and 7. Therefore, there is a single position left for '6' in column 3.

X-WING

4	6	7	2	1	8	3	5	9
1	2	9		3			8	7
		8	9		?	2		1
8			1	9			2	5
	1	2	8		4	9		3
	9			2		8	1	4
6		1	3	8	9	5		2
2			6		1		9	8
9	8				2	1	3	6

What is the value in the cell with the question mark?

X-WING

4	6	7	2	1	8	3	5	9
1	2	9		3			8	7
35	35	8	9	-6	7	2	-6	1
8			1	9			2	5
	1	2	8	-6	4	9	-6	3
	9			2		8	1	4
6		1	3	8	9	5		2
2			6		1		9	8
9	8				2	1	3	6

Naked Pair, X-Wing (Hard): Cells R3C1 and R3C2 contain exactly the same two candidates '3' and '5' in row 3. Looking at columns 5 and 8, the value '6' is restricted exactly to two rows 3 and 5. Therefore each of those two rows contains a '6' that is restrict-ed only to columns 5 and 8. Therefore '6' can be removed from the other cells of rows 3 and 5. Therefore '7' remains the only candidate left at R3C6.

L-1-25 — Easy — Score: 186

		8	6		2	3		
	7	1		4		2	9	
3	9		8	1	7		5	4
5		3	4		1	8		9
	1	6				4	2	
9		4	2		3	7		5
2	3		9	5	4		8	6
	6	9		3			5	4
		5	1		6	9		

L-1-26 — Easy — Score: 186

4	1		8	6	5		3	9
	8		7		3		6	
3				4				2
5	6		2	8	9		4	3
	9	4	5		7	6	2	
2	3		6	1	4		9	7
7				5				6
	5		3		6		1	
6	2		4	9	8		7	5

L-1-27 — Easy — Score: 186

7	1	8		9	5	6		3
		6				7		2
3	4	2		7	6	5		9
6				8				1
2	7	1	3	6		9	5	8
						3		
5	2	3	8	4		1	6	7
1				5				4
4	6	9		1	2	8	3	5

L-1-28 — Easy — Score: 194

3	7	2	8	1		9	6	5
9			2		8			7
1		8		6		3		2
2			3		1			4
6	8	5		7		2	3	9
4		1		9				8
8		9		4		5		3
7		3		5				1
5	1	4		8	3	7	9	6

L-1-29 — Easy — Score: 194

2	5	6	8	1	4	3	9	7
4								8
7		1	3	9	5	4		2
8		7				5		
3	9	4		5		6	7	1
		5				2		3
1		8	4	2	9	7		5
9								6
5	7	3	6	8	1	9	2	4

L-1-30 — Easy — Score: 196

4	5	8		6	3	9		7
1		3						5
9		2	5	8	1	4	6	3
5								
7	4	6	9	5	2	3	8	1
6	9	4	3	1	7	2		8
8						6		9
2		5	8	9		1	7	4

L-1-31 — Easy — Score: 196

4		5	7		9	3		2
1			3	8	4			5
7	3	9		2		1	8	4
		3		4		5		
8		2		3		7		9
		1		5		8		
2	1	7		6		4	9	8
3			4	7	2			1
5		4	8		1	2		7

L-1-32 — Easy — Score: 197

2				3				4
1			4	7	6			5
3		5	9		1	7		6
9	8	6	1	5	3	2	4	7
7	1	3	6	4	2	9	5	8
6		4	5		7	8		2
8			2	1	4			3
5				6				9

L-1-33 — Easy — Score: 198

6	1		9	2	4		5	8
				3			7	
2				5				9
1		6	7	3		4	8	2
8	7		4	1	9		3	5
			8				9	
3				4				7
7		1	5	9		8	2	3
5	2		1	7	3		6	4

L-1-34 — Easy — Score: 199

	8	3	4		2	9	7	
2		4	6	1	9	8		3
	6		8	7	3		1	
		8		6		4		
			1		5			
		1		3		6		
	9		7	4	1		6	
4		7	5	2	6	1		8
		1	2	3		8	5	4

L-1-35 — Easy — Score: 201

7	5	8		3	1	6	2	9
3		9		8				4
6	2	4		7	5	1		8
8						2		3
5		3	6	2	8	7		1
9		2						5
1		5	3	6		8	4	2
2				9		3		6
4	3	6	8	5		9	1	7

L-1-36 — Easy — Score: 203

3	1	2	7	6	9	4	5	8
								7
4	9	7	5	8	1	3	2	6
1								
9	3	5	1	2	6	7	8	4
								2
2	4	9	3	7	5	8	6	1
8								
7	6	1	8	9	2	5	4	3

21

L-1-37 — Easy — Score: 204

5	8	1	7		3	9	2	4
6	3			2			8	1
2		4			7			6
3			1	7	5			2
	7		2		8		9	
8			4	9	6			3
4		5			2			7
9	2			1			4	8
7	1	8	6		2	3	5	9

L-1-38 — Easy — Score: 204

	4	9	3		6	2	7	
8	1	2				3	4	6
3	7			8			9	1
6			2	3	5			4
		7	9		4	8		
2			1	7	8			3
9	8			5			2	7
4	6	3				1	8	5
	2	5	8		1	6	3	

L-1-39 — Easy — Score: 204

2	3	4		7		6	5	9
5	9		6	3	4		2	8
6		1	2		5	4		3
	1	5		4		3	6	
4	6		7	1	3		9	2
	7	2		6		8	4	
8		3	4		7	9		6
7	5		9	8	1		3	4
1	4	9		2		7	8	5

L-1-40 — Easy — Score: 206

6	7		1	4	5		3	9
4		8		2		5		7
1	3		9	8	7		4	6
	4	6	8		1	3	5	
9		3		6		4		1
	2	1	4		3	6	9	
8	5		2	3	9		6	4
2		9		5		7		3
3	6		7	1	8		2	5

L-1-41 — Easy — Score: 207

7		3		9		2		8
2		9		1		4		
6		8		4		5	7	9
1		2		6				
4		6		2	8	9	5	1
3		5						
8		7	6	3	4	1	9	5
9								
5	6	1	9	8	2	3	4	7

L-1-42 — Easy — Score: 208

1	4	3		8	2	9		7
			6		1			2
5		2		3		4	1	6
8				9				
7	1	4	2		8	5	3	9
				4				1
2	5	1		7		6		3
3				5		1		
4		8	1	2		7	9	5

L-1-43 — Easy — Score: 209

9		6	1	2	3	7		5
	4			8			2	
1		5	9	4	7	6		8
8		9	2		4	3		7
2	3	4			8	6	1	
6		7	3		8	2		4
3		8	7	5	6	4		2
	6			9		7		
5		2	4	3	1	9		6

L-1-44 — Easy — Score: 210

		2	1	4	7	8		
	8	7				1	6	
1	9			2		4	7	3
2	7		5	9		6	4	8
5	6			8		3	2	9
9	4	8		6		7	5	1
3	1	6		7		2	8	4
	2	9				5	3	
		4	6	3	2	9		

L-1-45 — Easy — Score: 211

4	8	9	7	6	2	3		1
1							6	7
7							8	9
			4	5			2	3
8		6		4			1	5
3		2			8	4		
5		7						4
6		8						2
2		1	6	9	5	7	3	8

L-1-46 — Easy — Score: 212

9	8	6	4	1		5		7
				6		8		4
7	5	4	9	8		2		1
				2		1		9
6	2	8	7	9	1	3	4	5
5		9		3				
4		5		7	8	6	1	2
8		1		5				
2		3		4	6	9	5	8

L-1-47 — Easy — Score: 212

3	7	6		9		8	5	1
8		1				4		9
2	4	9	1	8	5	3	6	7
			5			9		
6		7		2		1		8
		3				6		
5	1	8	4	7	6	2	9	3
7		4				5		6
9	6	2		5		7	1	4

L-1-48 — Easy — Score: 212

7	6		8		1		5	2
5	8	4	6		9	7	1	3
	1	3	5	4	7	6	8	
		7				5		
8				1				4
		6				3		
	3	5	9	8	2	1	4	
4	2	1	7		3	8	9	5
9	7		1		4		3	6

L-1-49 — Easy — Score: 214

4	1	6	8	5	9		2	3
7						4		8
3		8	2	4	7			9
2		7				1		6
5		4		8			3	2
1		9				5		4
8			3	6	2	9		1
9		3						5
6	2		4	9	5	8	3	7

L-1-50 — Easy — Score: 215

1		5		4	3		8	
	9	6		5		2		7
7		4		2	9		5	
	4	8		7	1	9	2	5
5		7						
	3	9		8	6	4	7	1
9		3		1	2		6	
	7	1		6		3		2
4		2		3	7		1	

L-1-51 — Easy — Score: 216

	7	5	2	8			1	6
9		6	7		5	4		8
2	1			9	6	5	7	
	9	2	1	3			8	4
8		1	6		9	2		7
3	6			4	2	1	5	
	8	9	3	2			6	5
7		3	9		1	8		2
6	2			7	8	3	9	

L-1-52 — Easy — Score: 216

3	4		7	2	9		5	6
9		6			7			4
	5		4	6	8		9	
6		1			2			9
8		5		1		6		3
2		4			5			8
	8		1	3	6		2	
5		2			9			1
4	1		2	9	5		6	7

L-1-53 — Easy — Score: 216

	4			7			2	
3	6	7				9	8	4
1		9	6		8	3		5
7	1	8				4	3	9
	9			3			6	
4	3	6				5	1	2
6		1	5		9	8		3
9	8	3				2	5	6
	5			8			9	

L-1-54 — Easy — Score: 217

	2		5		4		6	
7	8	5	1		2	9	4	3
	9						2	
3	4		7	1	8		5	9
			9		6			
8	1		3	2	5		7	6
	7						9	
9	3	2	4		1	6	8	5
	6		2		9		3	

L-1-55 — Easy — Score: 217

5		3			6			7
9		7	1		6	5		2
6			8		5			3
7	1		2		3		9	4
	9		4		8		7	
8	6		7		1		3	5
4			3		2			9
1		6	5		9	3		8
2		9			4			1

L-1-56 — Easy — Score: 218

9	1	5		2		6	3	
3	5		8	7	1		4	2
8				6				7
1	3		9	2	4		8	6
	2	8	1		6	4	7	
9	6		7	5	8		2	1
4				9				3
2	8		6	1	5		9	4
	7	9	4		3	2	1	

L-1-57 — Easy — Score: 218

	3	2	1		7	6	5	
8	6	1		4		9	3	7
7	9		3	6	8		1	4
2		7	6	1	9	8		3
	8	9	4		5	7	6	
1				8				9
6	7						9	5
9	2	3				4	7	6
	1	4	9		6	3	8	

L-1-58 — Easy — Score: 219

2		1		5		7		9
5		9		2		1		6
	8		7		1		5	
4		7		3		8		2
1		8		4		9		5
	6		2		9		7	
8		3		1		6		7
9		6		7		3		4
	4		9		3		1	

L-1-59 — Easy — Score: 219

	1		7		8		5	
3	5		1		4	6	8	9
			9				1	
4	9	3	5	1	6		2	
			3		9		6	
1	6		8	7	2	4	9	
	2						1	
6	7	1	4	8	5		3	2
	3						4	

L-1-60 — Easy — Score: 221

	6							
	3	4	8	6	5	9	2	7
	9		3		1		4	
	5	8	6			3	7	9
	4						6	
	1	9	4			7	3	5
	2		1		6		8	
9	7	6	2	5	8	4	1	
							7	

23

L-1-61 — Easy — Score: 221

	7	5	1	6	9	3	2	
	3						7	
9	8		2	7	3		4	6
8		2	5		1	9		7
3		9		2		8		5
5		7	8		6	4		2
6	9		3	5	7		8	1
	5						9	
	2	3	9	1	8	6	5	

L-1-62 — Easy — Score: 222

			8				5	
2	6		1	3	4		8	9
3	4		7	8	5		6	2
7		2		9		4		1
	9	3	5		1	2	7	
5		4		2		3		6
8	3		6	5	2		4	7
4	5		9	1	8		2	3
		6				8		

L-1-63 — Easy — Score: 222

7	3	1		2	5	8	4	6
4		6		3				5
5		9		6		2		1
8				7	1	6		9
2		3					4	7
6		7	4	5				3
3		4		9		7		8
1				4		3		2
9	7	2	8	1		5	6	4

L-1-64 — Easy — Score: 223

8	4	5		2		9	3	7
7		2		3	9	8		4
	3	6					2	1
	7		1	5	3		4	
	9	1	8		4		7	3
				7	2			
3	2	9		1		7	5	8
1		4		8	7	3		6
	8	7					1	2

L-1-65 — Easy — Score: 224

9	2	8	5	7			1	
6				2			7	8
3		5		4				
1				8	3	4	9	2
2	4	3	1	9				7
			2		4	1		3
7	6		9		2	8		5
	3		4					6
4	8		6	5	7	9	3	1

L-1-66 — Easy — Score: 224

		9			5			8
	3	8	1				9	6
6	4		7	8		1	3	2
3	5		6	7		2	1	
9				5	2	7		
	7				1			5
	7	6	5				2	4
5	8		2	4			9	6
4	9		8	1	6	3	5	

L-1-67 — Easy — Score: 225

6		7		2		8		1
		5		6		3		4
9	4	1		8		6		7
				7		1		3
7	5	6	8	3		9		2
						5		8
5	6	3	4	1	2	7		9
								6
8	7	2	6	9	3	4	1	5

L-1-68 — Easy — Score: 225

6		9	3		2	4		8
	4			6			2	
2		7	5		9	6		1
9		2	6		7	8		4
	7			3			5	
4		5	2		1	7		3
7		4	1		6	3		5
	2			9			4	
8		3	4		5	9		2

L-1-69 — Easy — Score: 225

7	2	1	8	6		3		9
	8		2					
4	3	6	9	1		8		7
	9		3					
1	6	5	7	2	8	4	9	3
						1		7
6		8		5	3	9	1	2
					2		3	
3		2		7	9	6	4	8

L-1-70 — Easy — Score: 225

8		3	9		7	1		4
7		2	6		4	8		5
5	1		2	8		7	9	
2	4		8	9		3	7	
	7	5		6	2		4	8
	3	8		7	1		6	2
3		9	1		6	2		7
6		7	5		9	4		3
4	2			7	3		6	5

L-1-71 — Easy — Score: 225

6			9	3	5			2
4	3			7			8	6
	1	5				3	7	
8	6	4	5		1	9	3	7
				8				
3	9	1	7		4	2	5	8
	2	7				1	6	
5	4			1			9	3
1			4	9	6			5

L-1-72 — Easy — Score: 225

	3	8				7	1	6
1	2	6	8				9	3
			3	6	1			
6	1				9	8	5	4
	4	3	6			9	2	
2	5				8	3	1	6
			7	8	3			
7	9	2	1				3	8
	8	4			2	6	7	

24

L-1-73 — Easy — Score: 226

9	4	7				2	8	5
2		5		8		4		3
1	8	3				6	9	7
			9	5	2			
	2		4		3		5	
			1	7	8			
5	3	6				8	4	9
8		1		4		7		2
4	7	2				5	3	1

L-1-74 — Easy — Score: 226

3				8	6	2	9	1
5				4	1	6		
2	1			9	7			
8	9	7			3			
4	2	1	9		5	3	7	8
			2			4	1	9
			4	5			8	3
		5	8	7				4
9	4	8	6	1				2

L-1-75 — Easy — Score: 226

			6				1	
	7	1	9		3	8	2	
	5		7		1		4	
6	2	8	1	9	4	5	7	3
			3				8	
	1	4	5		8	6	9	
	6		8		7		3	
1	3	7	4	6	9	2	5	8
			2				6	

L-1-76 — Easy — Score: 227

6	8	3	5	7		9	2	4
2								5
1		9	2	4		8		7
9		2				1		
4		6		9		5		3
		5				6		2
3		4		8	9	2		1
7								6
5	2	1		3	4	7	8	9

L-1-77 — Easy — Score: 227

2		3		8		4		9
7				6				1
5	9	1	3	2	4	7	8	6
		2				5		
1		9		7		2		3
		6				9		
4	3	5	6	1	7	8	9	2
9				4				7
6		7		3		1		5

L-1-78 — Easy — Score: 227

		1	9	4	8	5		
	7	2		1	5	4	3	
5	8	4			7	1	6	9
3	5	7	4		6			2
8	1						9	4
2			3		1	7	5	6
7	6	5	1			9	8	3
	9	8	7	6		2	4	
		3	8	5	9	6		

L-1-79 — Easy — Score: 228

	8	5	4	3	9			2
		2	5	8			3	6
3			6			5	9	8
1	5				4	7	2	9
4	9	6		2		3	8	5
7	2	8	9				1	4
2	6	7			5			1
5	1			4	8	2		
8			2	1	6	9	5	

L-1-80 — Easy — Score: 228

	3	8	2			4	7	6
1	5	2				3	9	4
6	4		5		9		1	2
5		3	6		2	4		8
	2	6	7		8	9	3	
8				4				6
7	8			2			5	9
3	9	4		6		2	8	7
		6	5	9		7	1	4

L-1-81 — Easy — Score: 331

6		7			2		9	5
4		2					3	1
8		1	9	3	4	7		2
3			6		7			4
2	8	5	1			3	6	7
7			5		2			3
1		8	2	6	9	5		7
5		3					1	6
9		6		1		4		8

L-1-82 — Easy — Score: 231

3	8			6	9			2
6	9	5		4	8	7		3
	4	1			3	8		
9			7	5			6	4
7		4	6	9		1	8	5
		6	3			9	2	
5	1			3	6			9
4	6	3		1	7	2		8
		7	9			5	6	

L-1-83 — Easy — Score: 231

		9	8	3	5	4		
	3				7	6	8	
8	7		9				2	5
5	8		2		1		7	3
6	1		4	7	9		5	8
7	9					8		4	6
1	5	7	6		2		3	4
	4	8	5				6	
		6	7	8	4	5		

L-1-84 — Easy — Score: 231

2		3	9	4	8	6		5
9	4			7			2	1
	8	5				9	3	
8		4	3	2	5	7		6
5	2			8			4	9
	6	1				5	8	
4		2	7	6	9	1		8
1	7			5			6	3
	5	8				2	9	

L-1-85 — Easy — Score: 231

	8	5	6			4	9	2
1			9	8	3			4
7		4				3		8
5	6		2	9	8		7	3
	7		3		6		9	
2	3		5	4	7		8	6
8		2				5		7
6			7	2	5			9
	5	7	8		1	6	4	

L-1-86 — Easy — Score: 231

6	1		7		3	5		2
	8	5	2			4	7	9
2	4	7			5	3	1	
5		1	3		6		4	7
7	6		5		9	2		8
	3	2	9			8	6	5
4	7	8			2	1	9	
9		6	1		8		2	4

L-1-87 — Easy — Score: 231

	5		7	6	3			1
9		3		2		4		5
	7			9			3	
1		7	4	3	5	9		8
8	9	6	2		7	3	5	4
3		5	6	8	9	7		1
	8			4			9	
7		4		5		6		2
	1		8	7	2		4	

L-1-88 — Easy — Score: 232

9	1	6	2	3		7		4
3				7				6
4		2		5	6	3	1	8
6				1				2
8	9	7	6	4		5		1
5				9				7
2		3		6	9	4	7	5
7				2				9
1	4	9	5	8		2		3

L-1-89 — Easy — Score: 232

		6	9	7	3	2		
	8						7	
5	7		2	8	4		3	6
2	4		1		5		9	8
6	5		7	4	9		1	2
1	9		3		8		6	4
9	2		4	3	6		5	7
	6						4	
		4	5	9	7	6		

L-1-90 — Easy — Score: 234

	4	7		8	2		3	6
6		8	3		9	1		5
1	3		6	7		2	8	
2	1		7	5		4	9	
3		4	9		6	5		7
	7	5		2	3		6	1
	6	2		9	7		1	8
7		1	8		4	6		2
8	5		2	6		7	4	

L-1-91 — Easy — Score: 234

	9		3		5		1	
1	2		7		4		9	5
		7	1	6	9	4		
8	3	6				1	7	9
		1		9		5		
9	4	5				8	3	2
		9	5	4	8	2		
4	5		9		6		8	1
	6		2		1		5	

L-1-92 — Easy — Score: 234

5		9		3	6	7	2	8
7		8						9
1		3		7	9	4		6
8		5				6		4
2		4		8		5		7
6		1				3		2
3		2	4	5		9		1
4						2		5
9	5	7	2	6		8		3

L-1-93 — Easy — Score: 235

	3		2		5		4	
1	9		8	6	4		2	5
		5				7		
9	7		6	5	1		3	2
	4		7		9		6	
3	6		4	2	8		7	9
		4				6		
6	8		3	1	7		5	4
	1		5		6		9	

L-1-94 — Easy — Score: 235

		7	3	4			2	8
	3	9		6		1	7	
8	5			1	7	9		
7	4	1	9	3	6	2	8	5
		2	5	7			3	6
		6	5		8		7	1
1	9			5	8	6		
4	2	6	1	9	3	8	5	7
		8	6	2			9	1

L-1-95 — Easy — Score: 235

	6						1	
2	1	7	6		8	5	9	4
	5		1		2		3	
	7	8	2	4	9	6	5	
			5		1			
	2	9	7	6	3	1	4	
	3		9		5		8	
7	9	5	8		4	3	6	1
	8						2	

L-1-96 — Easy — Score: 236

7	2	9		5		1	6	4
				6		2		
	4		7	9	1		3	
4		8				2		1
9	1	5		2		3	8	6
				8		6		
	9		2	6	5		1	
1		4				6		5
6	5	2		8		7	9	3

L-1-97 — Easy — Score: 236

			7		9			
1	7		5		6		3	2
		9	4		3	8		
9		5	2		7	4		8
	1	6				3	5	
4	8			5			9	6
6			9	3	2			5
		8	1	4	5	6		
	5	2	6		8	1	4	

L-1-98 — Easy — Score: 237

2	5			7			3	8
8			1	4	3			7
		4	8		5	9		
5			2	3	9			6
9	2			1			4	3
	6	3				7	2	
3	8			9			1	4
4			3	6	1			5
		9	4		8	3		

L-1-99 — Easy — Score: 237

		2			1	3	4	
	5	3	7			6	8	9
4	8		6	9			1	2
	3	8	1					6
		9				8		
6					4	9	2	
3	7			2	5		6	8
5	2	6				8	7	9
	9	1	4			2		

L-1-100 — Easy — Score: 237

4			8	9	3	2	1	
7	9			5	1	6		
2	1	8			7			5
9	7	2	3				6	8
3	6	5		1		7	4	2
8	4				2	5	3	9
5			7			4	2	1
		7	1	8			5	3
	3	4	5	2	9			6

L-1-101 — Easy — Score: 238

							8	
8	5	3	7	2	4		1	
7	9				3		2	
1	3		8		7		6	
2	7		3	4	6		5	
4	6		9		2		3	
9	1		2				4	
3	8		1	7	5	6	9	
5	2							

L-1-102 — Easy — Score: 238

5	9			1			7	2
6	2			5			4	9
		1	4		2	8		
		6	2		4	7		
9	1			8			2	4
		7	1		9	5		
		5	6		3	9		
1	6			7			5	3
3	7			4			8	6

L-1-103 — Easy — Score: 239

	9				1			
	5	2	8		4		3	1
			3		2		7	
7	1	3	9	4	6	2	5	
		4		2				
5		9		3	8	4	6	7
2	7	1			5			
		6	7	8	5	1	2	
4				1				

L-1-104 — Easy — Score: 239

	4		5		1		2	
7	8		6		3		1	9
			7		9			
4	7	6	9		5	2	8	1
			2		7			
9	1	2	4		8	6	5	3
			2		7			
5	3		8		4		6	2
	2		3		6		9	

L-1-105 — Easy — Score: 239

	6				1		2	
2	3		9	6	7		1	8
3	5		8	9	4		6	1
		4		6		5		7
8	9		7	1	2		3	5
7	8		2	4	6		5	3
		2		1		3		9

L-1-106 — Easy — Score: 239

		4	5	6	1	3		
	9					2		
7	6		9	4	2		8	5
5	8			7			9	3
4	3	6	1		9		5	2
2	7	9	3		4		1	6
6	4	8	2		5		3	1
	5	7	4				6	
		2	8	9	6	5		

L-1-107 — Easy — Score: 240

2			4	1		8	5	
3	9			2	8	4		
4	1	8				7		9
9	6	3	5				4	8
	8	4	1	9		5	6	
1	5	2	8				3	7
6	2	9			4			5
8	4			3	5	7		
5			9	6		2	8	

L-1-108 — Easy — Score: 240

7	5	2				3	8	1
3		9	7		1	6		2
8	6			5			9	4
	7		1	3	6		4	
		8	2		5	1		
	1		4	7	8		2	
1	8			2			7	5
5		7	8		3	9		6
6	9	4				2	3	8

L-1-109 — Easy — Score: 240

6		8		2		9		7
5	3	7		6		4	1	2
	9		3	4	7		6	
	5		4		9		7	
7		9	6		5	2		8
	8		1		2		5	
	7		8	1	3		2	
3	2	4		9		5	8	1
8		1		5		7		3

L-1-110 — Easy — Score: 241

2	8		6			9	3	
	3		2	1		8		5
1	9			5		2	7	4
7			3	8				
3	2		9		5	1	4	
	1		4	7	2		5	8
8	6							
9		1	5	3		7	8	2
5	7	3			2	8	4	6

L-1-111 — Easy — Score: 241

		3	2	1	7	9	8	5
5		1	9	4	2			6
9	7			3	8			4
1	6			5	4	8	2	
7	2	3	8		1	5	4	9
	4	5	2	9			3	1
2			7	1			6	3
3			6	2	9	7		8
6	5	7			8	3	1	9

L-1-112 — Easy — Score: 242

		3	5	4	9	6		
	9							1
4	5		7	2	1		8	3
9	2		1		7		4	6
3	6		9	5	4		7	8
8	7				2		9	1
7	4		6	1	5		3	2
	1						5	
		2	4	7	8	1		

L-1-113 — Easy — Score: 242

	7	4	3		5	2	1	6
9		5	2	6			8	
1	6	2		4		5	9	3
	9			8	6	1		5
2	1	8	7		3	6	4	
5		6	9	1	2		3	
3	8			2			5	1
	5		1	7	8	3		2
	2	1	5		4	9	7	8

L-1-114 — Easy — Score: 243

5	1			4			2	3
4	8	2		6		7	9	5
	7	3	5		9	4	8	
			8			3		
7	2			5			4	8
			5			9		
	6	1	4		7	5	3	
9	5	7		3		8	1	4
8	3			9			7	6

L-1-115 — Easy — Score: 243

	2	6	7		4	3	5	
		3			2			
	5	1	8		3	6	4	
7	4		1	5	6		8	3
6				4				1
5	1		3	8	2		6	4
	9	4	6		8	1	3	
		7			4			
	6	5	4		1	8	7	

L-1-116 — Easy — Score: 243

	8	1		5	7		6	3
5		9	2		4	8		7
7	2		1	3		9	5	
	7	3		8	2		9	1
1		4	3		9	6		8
2	9		4	1		7	3	
	1	7		2	5		4	6
3		2	7		1	5		9
8	4		6	9		1	7	

L-1-117 — Easy — Score: 243

7	2		9	6		3	8	
6		3	4		8	1		2
	9	1		5	3		4	7
	3	5		9	6		1	8
4		6	1		2	9		3
1	8		3	4		2	7	
3	4		5	2		7	6	
9		2	8		7	5		4
	1	7		3	4		2	9

L-1-118 — Easy — Score: 243

8	2			3	6	9	7	
3			1	4		5	6	8
	4	7	2	8			1	3
4	8			1	3	2	6	
2		6	7		8	4		1
	1	3	6	2			5	9
9	7			6	2	1	8	
5		2	8			1	7	6
	6	8	9	5			4	2

L-1-119 — Easy — Score: 243

	6		2	3		5	7	
	8	1		9	5		2	4
		3	7		1	6		8
			5	1		8	4	
4				8	9		5	2
			4	2		1	3	
		5	1		2	4		3
	4	7		6	3		8	5
	3		8	5		9	1	

L-1-120 — Easy — Score: 243

3			1		9			5
1	4		8		2		6	9
	8		4	5	3		7	
	7	8		4		1	5	
		6		2		4		
2		4				6		7
8		3	9		5	7		4
4	9		6	8	7		1	3
	5	1		3		9	8	

28

L-1-121 — Easy — Score: 243

7		5	1		6	2		9
		2			3			7
9	4		7	2		8	3	
4		7	3		8	9		2
		1			4			6
8	2		5	6		3	1	
6		8	4		9	1		5
		3			2			8
2	9		8	5		6	7	

L-1-122 — Easy — Score: 244

7		8	4		6	9		5
			2		9			
4			8	3	5			7
2	5	6		4		7	1	9
		9	1		2	8		
1	8	4		6		3	5	2
5			7	8	4			3
			5		1			
8		7	6		3	5		4

L-1-123 — Easy — Score: 244

2	4	6	5	1	9	7	3	8
9				3				4
7		8		6		1		5
1								2
3	5	7				6	8	9
4								3
6		4		5		9		1
5				9				6
8	9	1	6	4	2	3	5	7

L-1-124 — Easy — Score: 245

	6			4			9	
4	1	5		9		6	8	3
	3		6	5	8		4	
	4			8			6	
6	8	3		2		5	1	4
	7			1			2	
	5		2	7	1		3	
1	9	6		3		8	7	2
	2			6			5	

L-1-125 — Easy — Score: 245

9	4	1		8		7	3	2
5				7				9
6		8	9		3	4		5
		6				1		
7	8		2	3	1		4	6
		3				9		
8		4	5		7	3		1
3				1				7
1	9	7		6		2	5	4

L-1-126 — Easy — Score: 246

	8	3		2	7		4	5
	4			1			2	
7	9		5	3		6	8	
	5			6			3	
6	4		7	9			1	2
	3			8			7	
5	2		7	9		1	6	
	7			5			9	
	1	9		4	6		5	7

L-1-127 — Easy — Score: 246

			3		2			
1	7	2		9	8	6		4
8		5						1
9	6	7	4	2	5	3	1	8
5	1	4	8	6	3	9	2	7
4						5		3
3		8	2	7		1	6	9
		6		5				

L-1-128 — Easy — Score: 248

1	3	5	6		9			
4	7	6			2	9		
2	9				5	1	6	
7					4	2	3	8
9	4	3	1					6
	2	4	8				1	9
		9	2			8	4	7
			4		3	6	5	2

L-1-129 — Easy — Score: 248

	8	7	9			3	2	4
	6		1			5	3	8
3	9				8		7	
	1		4	5	6			
			3		2		5	8
	4	3	8				6	
	2		7		1	5	9	
8	5				9		2	
	3		5	2	4			

L-1-130 — Easy — Score: 248

3	1	4						7
	5	8		3		6	1	2
	7	2	1			8	3	4
			4		9	1		
	9						2	
		5	2		7			
2	6	1			8	5	4	
5	3	7		4		2	6	
8						3	7	1

L-1-131 — Easy — Score: 249

6		8	2		3			
	7	2		9	1		6	
5	1		6	4	8			
8		4	3	1		5	9	7
	9	3	7		5	8	4	
2	5	7		8	4	6		1
			8	2	6		1	4
	2		1	3		9	8	
				4		9	3	6

L-1-132 — Easy — Score: 249

				3	4	5		
	2			7			4	
7	9	4				6	3	5
5		3	1		9	8		6
				4	5	3		
9		2	8		7	3		4
6	3	8				4	9	7
	5			3			6	
			6	9	4			

L-1-133 — Easy — Score: 251

2			4	1		8	5	3
7	8		6	9	3		4	1
3	1	4		8	2			6
	6	8			5			
		9				6		
			7			4	9	
8			2	5		1	6	4
6	4		3	7	8		2	9
9	5	2			4	6		7

L-1-134 — Easy — Score: 251

6			2	5	7			1
		4	8		3	2		
9	5	2				8	3	7
1			7	8	2			9
8		6	9		4	1		5
4			5	6	1			2
3	6	1				7	9	8
		8	3		9	6		
2			6	7	8			3

L-1-135 — Easy — Score: 252

2	1	7	3	9				
5					1	4	2	3
3		8	2	6				9
4		5			3	7		2
8		9		4		5		6
1		3			7	9		8
6		2	4	1				7
7					6	8	9	4
9	5	4	7	3				

L-1-136 — Easy — Score: 252

		4	9			7	1	2
	5		7		2		9	8
7			3	8			4	5
3	4	9			5	8		
2	6		4		7		5	
5	7			6	9			4
		5	1			9	7	3
	2		6		3		8	1
9			5	7			2	6

L-1-137 — Easy — Score: 252

6			8		9			1
	8		1		3		9	
		2	5		7	8		
3	6	7	4	9	5	1	8	2
			3	1	6			
4	9	1	7	8	2	6	5	3
		5	9		8	7		
	4		6		1		2	
8			2		4			5

L-1-138 — Easy — Score: 252

3			7			8		
4	2	5	1	3	8	7	6	9
7			2			1		
		1			9			3
6	4	8	3	1	5	2	9	7
		2			7			4
	5			7			2	
2	9	3	5	6	1	4	7	8
	6			4			5	

L-1-139 — Easy — Score: 252

9	3		4	1		5	2	
5		4	3		9	7		1
1		6	7		2	3		4
	5	3		6	1		8	7
2	9		5	3		1	4	
7	6		8	9		2	5	
8	1		6	2		4	7	
3		2	9		8	6		5
	4	9		7	5		3	2

L-1-140 — Easy — Score: 254

5		1	9	4		6	8	7
	9	6						1
7	3	8	1		2	9		4
3		9				7		
1				7				2
		2				8		9
2		3	5		4	1	7	8
8						5	9	
9	5	7		3	1	2		6

L-1-141 — Easy — Score: 255

1		7	5		2	8		6
			3	7	4			
	2			6			9	
5	6	4				3	7	9
9		8	4		6	5		2
			7	5	9			
	9			4			6	
4	5	3				9	2	8
8		6	9		3	7		5

L-1-142 — Easy — Score: 255

9	7	1	4	2	6	3	8	5
3								9
2		6	3	9	8	1		7
1		9				2		6
6	4	8	2		7	9	5	1
			7		2			
8	9		6		4		1	2
	1		9		3		6	

L-1-143 — Easy — Score: 255

6	8	5				9	1	4
2		3	4		1	6		8
			6	9	8			
	7			1			9	
4	6	2				1	3	7
	5			4			6	
			1	6	3			
5		4	8		9	3		6
9	3	6				7	8	1

L-1-144 — Easy — Score: 256

4		3		6		5		2
		2				9		
6	7	5	3	2	9	8	1	4
		4				7		
3		6		7		4		5
		8				6		
5	3	1	6	4	8	2	9	7
		7				3		
8		9		3		1		6

L-1-145 — Easy — Score: 256

				8		7	3	6
			6	5			4	1
		2	4	1				9
	3	7	1	6				
5	9	4	2	3	8	1	6	7
			7	9	4	2		
8				9	6	3		
6	5			4	1			
7	4	9		2				

L-1-146 — Easy — Score: 256

	7		1		2		9	
9	8	1				6	3	2
4		2		8		5		1
			7	6	8			
	9		2		5		8	
8	4	6				2	5	7
2		9		5		4		8
			4	9	1			
	5		8	2	6		1	

L-1-147 — Easy — Score: 256

8	2			6			5	7
4	6	3				8	2	1
	7	1	2		3	4	6	
		2				6		
7				3				8
		4				7		
	3	8	1		4	5	9	
6	9	5				1	7	4
1	4			5			8	3

L-1-148 — Easy — Score: 256

2			6		7	1		9
8		6			4		3	7
	5	1		9			8	
	7		8	2		3		
6			3		5	9		1
4		5			1		2	8
	6	8		5			1	
	1		7	3		8		
3			1		8	5		4

L-1-149 — Easy — Score: 256

5	2				3		1	4
4	9		2	6	5		7	3
						1		
	6	4	9		8		5	
1	5			7			4	2
	3		5		4	1	8	
		6						
3	4		1	9	7		2	8
8	1			5			6	9

L-1-150 — Easy — Score: 256

1		6	9	4	5	2	3	7
9								
3		4		7		6		5
8				9				3
2		3	4	8	1	5		6
5				3				4
7		8		1		4		2
								8
4	1	2	8	6	7	3		9

L-1-151 — Easy — Score: 257

5								1
	1	9	4	2	8	5	6	
	3		5		1		9	
	7	8		5		4	2	
	9		3		6		8	
	5	4		7		1	3	
	6		7		4		5	
	4	5	2	9	3	6	7	
9								4

L-1-152 — Easy — Score: 257

	3	9		1		4	2	
	2	8		3		5	6	
	4			8			7	
			8	5	6			
6	7	2	9		1	8	3	5
			2	7	3			
	9			2			4	
	5	1		6		3	8	
	6	7		9		1	5	

L-1-153 — Easy — Score: 257

							7	
	5	8	2	1	9		4	
	9	4	7	6	5		2	
2	1			3	7		8	
	4		6			2		9
	3		8	4			6	7
	7		1	9	8	6	3	
	2		3	7	6	4	5	
	8							

L-1-154 — Easy — Score: 257

4			7	2	3			9
	8	6	5		1	3	4	
	7						1	
1	6			5			2	4
3			2		4			6
5	2			1			8	3
	5						9	
	3	9	8		5	2	7	
8			1	7	9			5

L-1-155 — Easy — Score: 257

	3	7	8		9	1	4	
1				5				6
2		5		6		9		7
5				3				4
	6	9	5		1	7	2	
8				9				3
9		2		7		8		1
4				1				9
	1	3	9		6	4	5	

L-1-156 — Easy — Score: 258

1			4			5		
8		3	6		9	4		7
		7			5			1
6		2	5		3	7		8
5			7			2		
7		9	2		4	1		5
		5			6			3
3		8	9		2	6		4
4			3			9		

31

Page of Easy Sudoku puzzles.

L-1-157 — Easy — Score: 258

7				1				5
8	2	6	5		4	3	9	1
			3		8			
		5	9		6	7		
	3	9		2		5	4	
		2	1		5	8		
			6		2			
9	1	4	7		3	2	6	8
2				8				3

L-1-158 — Easy — Score: 259

					3			
2	1	4	6	7	5	9		
8				9		4		
9		5	1	8			2	6
3		2		6		1		
1	6		9	3	4		5	
4		3				6		
7	8	6	9	2	1	3		
		7						

L-1-159 — Easy — Score: 259

	9		3		4		2	
	8	7	1		5	3	6	
8	1		6	5	9		3	2
	3		7		2		8	
9	7		8	1	3		4	5
	5	3	9			6	8	7
	2		5		7		9	

L-1-160 — Easy — Score: 260

3	9	1		4		2	6	8
		8			1			
7		4	6		1	5		9
1			2		7			4
2	5	9	1		4	7	8	3
6			8		3			1
8			6	5		9	4	2
		5				3		
4	1	2			7	8	9	5

L-1-161 — Easy — Score: 260

		3	2	1	7	9		
	6						7	
1	4		9	8	6		2	3
9	7		6				5	4
8	5		4	2	1		3	9
3	2		5		9		8	1
6	1		7	5	4		9	2
	9						1	
		5	1	9	2	8		

L-1-162 — Easy — Score: 260

	5	6	7		1	4	3	
	4		5		8		1	
	8	7	6	3	5	9	4	
				1	7	9		
	9	1	4	8	2	5	6	
	3		2		4		8	
	2	9	8		6	3	7	

L-1-163 — Easy — Score: 261

		9	8	4	1	7		
	4					5		
7	8		6	3	5		4	1
2	5			8			9	6
8	7		2	1	9		3	4
1	9		4				7	8
9	6		1	2	4		8	7
	2					1		
		7	5	8	3	6		

L-1-164 — Easy — Score: 261

		6	3	4	1	5		
	8					3		
7	4		6	8	5		2	9
5	7				9		4	8
3	2		5	1	4		7	6
4	6				7		5	1
6	3		1	2	8		9	5
	1					6		
		2	7	9	6	4		

L-1-165 — Easy — Score: 262

7	5	3		8	4	9		2
			9		5			6
2		9	7			4		8
6	2		1			7	3	4
4				3				5
	9	5	4		8		7	1
		4			2	6		7
5	7		8		6			
9			3	7		5	2	4

L-1-166 — Easy — Score: 262

	9		1	3	8		5	
5	3		4		9		7	2
		8	7		2	9		
7	1	3				6	2	5
	6						9	
9	2	4				3	8	1
		9	3		5	1		
3	5		8		1		4	7
	8		6	4	7		3	

L-1-167 — Easy — Score: 262

	6		5		1		8	
	7		6		9		2	
2		3		8		1		6
5	9	2		6	7	3		1
	1		2		5		6	
6		4		7		5		9
7		5	1	9		8	3	4
	3		4		8		7	

L-1-168 — Easy — Score: 263

2		3	9		7	6		1
		7	5	6		1	3	4
1	8	6				2	7	9
4	6		1	5	9		8	3
			3		6			
7	3		8	4	2		1	6
3	5	1				4	6	7
	2	7	4		3	1	9	
6		4	7		5	8		2

L-1-169 — Easy — Score: 264

7				2				3
	3	1	9	5	7	2	6	
	4	6				5	9	
	8		2	9	6		5	
5			1		3			9
	7		5	4	8		2	
	2	4				6	7	
	1	8	7	3	5	9	4	
9				6				8

L-1-170 — Easy — Score: 264

2		4		3		9		7
8		6				3		4
7		1		5		8		2
4			7	1	9			3
		8	2		3	7		
9			4	8	5			1
3		9		2		4		6
6		7				1		5
1		5		9		2		8

L-1-171 — Easy — Score: 265

8		4	2	5		9	7	1
1				6		3		
7	2	3		8		5		4
								5
9	7		6		4	2	8	3
	4		7					
		5	9	8			3	7
3	8							9
	9	7	3		6	8	1	2

L-1-172 — Easy — Score: 265

		4	1	7	8	5		
3	8		6				7	
7			3		9			
2		1	5		8	3	4	9
6			3					7
4	9	3	2		1	6		5
			8		5			6
	6			3			2	4
	3	2	7	4	6			

L-1-173 — Easy — Score: 265

		7	4			6	9	
8				3				7
1		9	4	6	7	2		8
			1	3		8	5	
	5	2		4		9	8	
		6	5			2	7	
6		7	8	2	4	3		5
5				7				6
		2	3				8	7

L-1-174 — Easy — Score: 265

	5		6	2	4	9	8	3
	8							6
	3	6	8	1	9	2		5
						7		4
2		3		7		1		8
5		1						
3		5	2	9	7	8	4	
8							2	
7	2	4	5	8	1		3	

L-1-175 — Easy — Score: 266

6		2				8		4
	1		6	9	5		7	
	3		2		8		5	
	8		3	1	2		4	
7		3				6		8
	9		8	7	6		3	
	6		9		7		8	
	7		5	8	4		6	
8		9				5		7

L-1-176 — Easy — Score: 266

6	8						2	3
	7	3				4	6	
		1	3		8	9		
8			9	2	7			5
5	4		6		1		9	2
3			8	5	4			6
		4	1		2	6		
	6	8				5	7	
1	3						8	4

L-1-177 — Easy — Score: 266

		9	6		5	7		
	4		7		1		6	
5			3		8			4
8	7	5	1		4	9	3	2
1	3	4	2		9	5	7	6
7			8		2			3
	8		9		6		5	
		2	4			7	8	

L-1-178 — Easy — Score: 266

8	4	2				9	7	5
1		6	4		9	2		3
7	9		8		2		1	4
	6	5	7		1	4	3	
				6				
	7	4	9		8	1	5	
4	2		6		3		9	1
6		8	2		5	3		7
5	3	9				8	6	2

L-1-179 — Easy — Score: 266

			7	4	5			
	5	8				4	7	
	3		1	6	8		9	
1		5	3		6	7		2
2		3				6		8
7		6	8		1	3		9
	6		4	8	9		2	
	2	4				9	8	
			2	5	3			

L-1-180 — Easy — Score: 266

		7	5		9		6	
		6		5	7		9	
8			4		3	5		1
4		1			5		8	7
	5	7		4			1	
	2		6	1		4		
7			2		4	1		6
2		6			9		3	5
		1	9		3		4	

33

L-1-181 — Easy — Score: 266

1								6
8	2			9			4	3
	4	9				2	7	
5		2	9	3	1	8		4
	6		5		4		1	
9		4	7	6	8	3		5
	5	3				1	9	
4	8			5			3	7
7								2

L-1-182 — Easy — Score: 266

		8	6		5	7		
		5				2		
9	3	1	4	2		6	5	8
1			7			4		6
		6	3		4	9		
8		4		6				3
6	1	2		8	3	5	4	7
		9				3		
		7	1		6	8		

L-1-183 — Easy — Score: 267

	4		8		9		5	
	8		1		3		2	
2		1		4		9		7
	1		3		2		6	
	9		5		6		7	
8		3		9		2		5
	2		9		8		4	
	7		2		4		9	
9		4		6		8		2

L-1-184 — Easy — Score: 267

	8	4	9		6	3	2	
9								7
3			2	8	7			4
1		8				9		3
	2	7		3		6	8	
4		3				7		2
8			7	4	5			6
6								9
	7	5	6		1	4	3	

L-1-185 — Easy — Score: 267

	2			5			3	
8	6	5				9	2	1
1		4	9		8	7		6
			8	6	5			
	9			3			1	
4	5	3				8	6	2
9		1	2		3	6		5
			5	8	1			
	7			9			8	

L-1-186 — Easy — Score: 267

	5	2				1	6	
		1	3				8	4
7			9	4			1	5
3	2			1	4			6
	6	5				7	9	
	7		5		9		2	
2			4	9			3	8
		8	6			1	5	
	3	7				8	4	

L-1-187 — Easy — Score: 267

8			2	3		5	1	
			8	9				6
		5	4			3		
	5	9	2	1				7
2	3		9	5	8		6	4
1			7	4	9	2		
		1			2	5		
6				8	9			
5	8		1	3				9

L-1-188 — Easy — Score: 267

	3	4	9	6	1	8	5	
	8						7	
	6		3	2	7		1	
8	2	3	5	1	9	6	4	7
				4				
1	4	7		3		5	8	9
		8		7		3		
3		2		9		7		1

L-1-189 — Easy — Score: 267

1	5		6			3	8	
	4			2	1		5	
		3	7		8			6
8	7		4			1	3	
	3			7	9		4	
		6	1		3			5
3	6		5			8	2	
	1			4	6		9	
		4	9		2			1

L-1-190 — Easy — Score: 267

4	3		8			1		
	1	9		6	2		5	
		5			9	4		6
1	6		2			5		
	7	3		5	6		9	
		4			8	2		1
5	9		6			3		
	4	7		2	3		1	
		2			1	6		5

L-1-191 — Easy — Score: 268

4		1	9		8	2		7
			4		7			
5		9				8		4
8		4	7		3	1		9
			1		4			
6		2	5		9	7		3
1		6				3		8
			3		1			
3		5	8		6	9		2

L-1-192 — Easy — Score: 268

			9		2			
	5	9	3			8	2	4
	2			5			3	
8	1		2	6	9		5	7
		5				8		
3	6		1	8	5		9	2
	4			3			1	
	3	6	5			1	7	8
			6		4			

L-1-193 — Easy — Score: 269

.	6	9	1	.	.	.	.	.
.	4	5	6	.	.	.	2	9
.	.	3	5	.	.	1	8	6
.	.	8	.	7	4	6	1	.
.	.	.	2	.	.	.	.	.
5	7	4	9	.	1	.	.	.
3	8	6	.	.	5	7	.	.
4	9	.	.	.	6	8	5	.
.	.	.	.	.	3	6	9	.

L-1-194 — Easy — Score: 269

6	.	9	1	5	3	2	.	4
.	.	.	.	9	.	.	.	.
2	.	4	.	8	.	1	.	5
9	.	.	.	.	.	.	.	6
7	8	5	.	3	.	4	2	9
3	.	.	.	.	.	.	.	8
4	.	7	.	1	.	8	.	2
.	.	.	.	2	.	.	.	.
5	.	8	9	6	7	3	.	1

L-1-195 — Easy — Score: 270

.	.	9	1	8	7	3	.	.
.	2	.	.	.	.	.	1	.
1	4	.	2	6	5	.	9	8
4	1	.	9	.	.	.	7	6
3	9	.	7	4	2	.	8	1
8	7	.	.	.	6	.	4	3
9	6	.	3	7	4	.	5	2
.	8	.	.	.	.	.	3	.
.	.	7	8	2	1	4	.	.

L-1-196 — Easy — Score: 270

7	5	.	9	4	.	8	2	.
6	.	9	1	.	7	3	.	4
.	3	8	.	5	6	.	9	7
1	6	.	5	9	.	2	4	.
2	.	4	3	.	1	9	.	5
.	9	5	.	6	2	.	1	8
8	1	.	7	2	.	5	3	.
9	.	2	6	.	5	4	.	1
.	4	3	.	1	9	.	7	2

L-1-197 — Easy — Score: 270

.	9	2	.	.	.	7	1	.
.	.	8	5	.	3	6	.	.
1	.	.	9	7	2	.	.	8
.	.	.	.	3	.	.	.	.
3	4	9	8	.	5	2	7	1
.	.	.	.	4	.	.	.	.
7	.	.	4	2	6	.	.	5
.	.	1	3	.	7	8	.	.
.	2	4	.	.	.	3	6	.

L-1-198 — Easy — Score: 271

1	.	5	.	9	.	7	.	.
8	.	6	.	4	.	.	3	1
7	.	2	.	1	.	.	5	4
4	.	1	.	7	6	.	.	.
3	.	9	.	.	1	8	2	7
5	.	7	8	.	.	.	.	.
9	.	.	7	2	3	1	6	8
6	1	.	.	.	.	.	.	.
.	7	8	1	6	5	4	3	9

L-1-199 — Easy — Score: 272

.	1	.	.	3	2	.	.	9
7	.	.	9	1	6	.	4	.
.	.	4	5	8	.	3	.	.
.	9	3	.	.	1	.	7	8
2	4	5	.	6	.	1	9	3
8	7	.	3	.	.	5	2	.
.	.	6	.	9	5	2	.	.
.	2	.	8	7	3	.	.	4
3	.	.	6	2	.	.	8	.

L-1-200 — Easy — Score: 272

3	5	.	.	4	.	.	2	1
.	4	7	.	6	.	3	5	.
6	.	1	9	.	3	8	.	7
2	.	.	.	7	.	.	.	8
7	3	.	.	1	.	.	6	5
.	8	5	.	2	.	9	7	.
4	.	2	5	.	1	7	.	3
5	.	.	.	3	.	.	.	6
9	7	.	.	8	.	.	1	2

L-1-201 — Easy — Score: 272

4	1	2	7	5	6	8	.	.
6	3	5	9	8	.	.	.	.
.	.	.	.	.	.	.	5	1
9	5	4	2	1	.	.	.	.
.	.	.	3	6	4	5	7	.
.	.	.	.	9	3	1	4	5
3	7	.	.	.	.	.	.	.
.	.	.	.	2	4	9	7	8
.	.	9	1	7	8	5	6	3

L-1-202 — Easy — Score: 273

7	1	6	.	2	.	8	3	9
.	.	9	.	7	.	4	.	.
.	.	2	.	1	.	7	.	.
2	5	.	1	6	7	.	9	8
.	.	.	4	.	8	.	.	.
9	6	.	2	3	5	.	4	7
.	.	7	.	5	.	9	.	.
.	.	1	.	4	.	6	.	.
4	9	5	.	8	.	2	1	3

L-1-203 — Easy — Score: 273

3	.	.	7	4	.	.	8	2
4	6	.	.	2	5	.	.	3
.	.	8	2	.	.	9	7	.
.	.	5	1	.	.	3	2	.
9	.	.	5	8	.	.	7	4
1	.	3	.	9	.	8	.	5
.	3	8	.	.	4	2	.	.
6	9	.	.	.	3	8	.	7
2	.	.	9	7	.	.	3	8

L-1-204 — Easy — Score: 273

.	.	5	.	1	6	.	7	2
6	.	.	8	.	.	4	.	3
9	4	.	7	5	.	.	1	.
.	.	7	.	8	4	.	6	1
8	.	.	2	.	.	7	.	4
5	6	.	1	7	.	.	3	.
.	.	8	.	3	1	.	4	9
4	.	.	9	.	.	1	.	5
1	5	.	6	4	.	.	2	.

35

L-1-205 — Easy — Score: 274

	2	1	6	3	4	9	7	
9								2
6		5		1		4		3
7			4		1			6
2		6		5		7		9
3			7		6			4
4		2		8		6		1
5								8
	8	3	9	6	5	2	4	

L-1-206 — Easy — Score: 274

9	6			4	1			2
8			7	2			9	4
		1	9			6	8	
	5	3				2	8	
2	8			6	3			1
	9	6				7	5	
		8	3			2	1	
5			6	7			3	8
3	4				1	8		5

L-1-207 — Easy — Score: 274

5					3			2
3	6		7	8	1		9	4
		8	9	6		5	7	1
			5			8		
2		1		4		9		6
6				7				5
1	7		4	6	9		5	8
	5	4	2			7	3	6
		6				1		

L-1-208 — Easy — Score: 274

5	3	4				7	6	9
	1			6				5
		7	9	5				
7		2	1		3	4		6
4		3		5		2		8
6		1	4		9	5		7
			5	4	2			
	7			3			8	
1	4	9				3	2	5

L-1-209 — Easy — Score: 274

4		1		9		7		8
7	5			6	2			3
	6		4		7		9	
8			2	5			1	7
5		6		7		8		2
		7	3			6	5	
	3		7		5		2	
	8	5			9	3		
9		2		3		5		6

L-1-210 — Easy — Score: 274

	3	8		6			9	1
5	9			7	2			3
6			9			1	8	
		9	1			3	5	
4	6			2	9			7
	5	7		8			2	9
		6	3			5	1	
3			7			8	9	
9	8			1	6			4

L-1-211 — Easy — Score: 274

2		9		6		4		7
			8	5	1	3		
	1		5		4		6	
4	9	1	6	3				
6		2		8				9
				9	3	2	6	
	6		2		7		3	
5	8	3	1	9				
1		7		4		6		5

L-1-212 — Easy — Score: 275

		5		8		4		
	6			1			5	
3			2	4	5			7
		8	3	6	9	2		
5	7	3	4		1	8	6	9
		6	5	7	8	3		
9			6	5	4			2
	5			9			3	
		1		3		5		

L-1-213 — Easy — Score: 275

	8			7		9	5	
		1		4	6		2	
9		2	1		5			6
6	4		7				1	3
	2			3			6	7
		9		5	1		4	
2		3	5		4			9
5	1		8			3		4
	9			6		5	1	

L-1-214 — Easy — Score: 275

		7	6			9	5	
	9	1			3	7		
4	2			7	8			6
9			8	4			2	5
		8	1			6	3	
1			2	3			7	4
7	8			9	5			1
	1	9			2	5		
		4	7			2	9	

L-1-215 — Easy — Score: 275

	6	5	9		8	1	7	
		8				5		
4				6				8
8	2		7	9	3		4	5
	5		6		1		8	
	9	4	2		5	7	3	
		9				2		
1				2				7
3	7		4	5	6		1	9

L-1-216 — Easy — Score: 275

	7		1			9		3
		3	2				4	1
8		9		6		5		2
	4	7				5	2	
	9		7		4		5	
1	8			9	2			7
7		8		4		3		1
6			5	2			8	4
	2		8			1		6

36

L-1-217 — Easy — Score: 275

	7	1			3	8		
		9	4			3	2	
3			7	8			9	5
1	3			9	7			2
	4	7			8	6		
		6	2			5	7	
4			3	6			1	8
6	5			7	2			3
	1	3			9	2		

L-1-218 — Easy — Score: 276

6	8		4	3				7
9				5	6			
		5			9	1		
3			4	5	2	7		
8	2		6	9	7		4	3
	5	4	2	8				9
	6	9			7			
		3	7					5
2				6	8		9	1

L-1-219 — Easy — Score: 276

7		9	5	8	4	3		6
	2	5		7			4	1
4	3			1			9	5
3			6	2	7			9
8			1		3			7
2			9	5	8			1
5	4			9			6	3
	8	3		6		9	7	
9		2	7	3	1	5		4

L-1-220 — Easy — Score: 276

3	8	6				5	7	2
		7		5				4
1	4	5				8	3	9
			4	1	9			
	7				5		9	
			3	7	2			
7	3	8				4	5	6
		4		3				7
5	6	9				2	1	3

L-1-221 — Easy — Score: 278

2		4		1		6		5
				5				
5		1	7	4	9	2		3
		2				5		
1	8	7		9		4	3	2
		3				8		
9		5	1	2	3	7		8
				6				
7		6		8		3		1

L-1-222 — Easy — Score: 278

5				7				8
		8					6	
1		9				7		4
9	6		5		3		8	2
8	1	2		9		3	5	7
3	5		8		7		9	1
6		8				2		5
		9				1		
4				8				6

L-1-223 — Easy — Score: 278

1	9	8		3	5	6		4
7				8				3
5		4		2		1		8
6	1	3		4	9	7		5
4				7				9
2		6		5		4		7
9	5	7		6	2	8		1

L-1-224 — Easy — Score: 279

					6		7	
2		5		4	8	3	1	6
					2		9	
9		3		1	5	7	2	8
5	4	8	2	6		9		1
	2		7					
1	8	9	5	2		6		7
	5		6					

L-1-225 — Easy — Score: 279

1	7			8			6	4
5			7		2			3
		2	3	6	4	1		
	3		6		8		2	
7	8	4	1	2	5	3	9	6
	6		4		3		1	
		9	2	3	7	8		
3			9		6			2
4	2			5			3	9

L-1-226 — Easy — Score: 279

2	6		3		9		5	7
3			2	5	1			9
		5	7		8	2		
1	8	4				6	2	5
	3			8			4	
7	5	2				3	9	8
		9	8		4	1		
8			6	2	5			4
6	4		1		3		8	2

L-1-227 — Easy — Score: 279

8								
3		1	5	6	2	7	4	
2		7						9
5		4		7	9			6
6		9				8		2
1		2	6	5	3			7
4								1
9	2	6	8	1	4	3	5	

L-1-228 — Easy — Score: 279

			1				7	
	5			6	3	1		4
6		4				3		1
	6			1	8	2		5
	1			3		5		2
	7			9	4	6		1
5		8				1		4
	4			8	1	9		3
		2				6		

L-1-229 — Easy — Score: 279

	9	7		6		5	4	
		2		8		3		
6		5				2		7
4			2		3			8
3	7		4		8		5	2
	5		9	7	6		1	
	6			2			3	
		3				6		
5			6		4			9

L-1-230 — Easy — Score: 279

3			8	1				4
				7	5	6		
2	5	7				8	1	9
			8	7	3			
9				5	1			8
		5	2	6				
7	8	4				5	3	2
				2	4	9		
5			3	8				6

L-1-231 — Easy — Score: 280

	8	1	2		3	7	5	
	7		6		8		3	
	3	4	1		5	8	9	
			4				1	
	5	9	7		6	4	2	
2	4	8	5	9	7	3	6	1
5								4

L-1-232 — Easy — Score: 280

4	5	6						9
		9	5	2	6	8	4	
9	2	8	1					
			2	3	8	6	7	
3	4	2	8	6				
					1	4	2	3
8	3	9	6	7	5			
2						5	7	8
	7	1	2	8	4	3		

L-1-233 — Easy — Score: 280

	8			9			4	
9	4	1			5	2	3	
	6		2	5	4		1	
		7	3	6	1	8		
2			8	5		7	1	6
		5	9	2	8	7		
	2		7	3	5		8	
8	7	9			3	6	5	
	5			8			7	

L-1-234 — Easy — Score: 281

3			8	6			9	
	4		9	7	2			8
		8		5	4	1		
4	8		2			6	7	
5	6	9		4		8	2	3
		2	1		8		5	9
		2	4	1		7		
9			7	8	6		4	
	7			2	3			6

L-1-235 — Easy — Score: 281

4	1	3				8	5	6
				1				
5	7	2				1	4	9
			4	9	3			
	6						2	
			2	8	6			
6	4	7				5	9	8
				7				
8	2	5				7	3	1

L-1-236 — Easy — Score: 282

	5	7	3			4		
4	9	1			5	8	2	
8	2			4	9		6	5
9					8	2	7	
			6			3		
			3	2	5			8
2	7			9	5		8	6
	1	8	4			9	3	2
		9			1	5	4	

L-1-237 — Easy — Score: 282

			1		4	6		2
9		2	7			4		8
8	4			3		1	6	
			5		6	3		4
1			4	9		5		6
2	8			7		3	1	
			3		9	7		1
6			9	3		2		7
5	7			1		9	4	

L-1-238 — Easy — Score: 283

7			3		9			1
		9	7		8	3		
	8	3	4		5	7	2	
1	9	6				5	4	2
			5					
8	2	5				1	3	7
	7	2	9		1	4	8	
	8	2			7	9		
9			5		6			3

L-1-239 — Easy — Score: 283

		5	6	2	8	7		
2			3	9	5			6
8	6			1		5	2	
	2	9				4	6	
		6		7		1		
	4	7				3	2	
7	1			8			3	9
9			5	4	7			1
		8	9	3	1	2		

L-1-240 — Easy — Score: 283

3	2		1		4		8	9
8		6	5		3	2		7
	7	4				1	5	
4	6						3	5
				8				
7	8						6	4
	4	8				5	9	
6		3	2		5	4		8
2	5		9		8		1	6

L-1-241 — Easy — Score: 283

2		6	8	9		5	3	4
5		7			3		2	8
4	3		6	5	2		9	
		5		3	9	2		7
6	7	1		4			8	
	2	3	7		6	1	4	
	5			2		8	1	6
3		4	5	6		9		
	6		9	7	8		5	3

L-1-242 — Easy — Score: 283

	9		2		4		1	
5		4		9		3		7
8		6		1		5		4
	3		9		8		5	
9		8		3		7		2
	6		7		2		8	
2		9		7		8		6
4		1		8		2		5
	8		4		5		7	

L-1-243 — Easy — Score: 284

3	4	9						2
		1		5	2	7		4
	7	2		1		8	3	6
	8			4				
	5	3	8		7	9	2	
				9			4	
1	2	5		8		4	6	
6		4	1	3		2		
7						5	1	9

L-1-244 — Easy — Score: 284

		3		9				
	9	5	4		6	3	8	
	7		1		2		4	
6	5		7	4	3		9	1
			2		8			
7	3		5	9	1		6	8
	2		6		5		7	
	4	1	9		7	5	2	
			8		4			

L-1-245 — Easy — Score: 284

			2	3	6			
8		6	7		4	2		3
4	2	3				1	7	6
	8			5			1	
	7		6		8		9	
	4			7			2	
5	1	7				8	3	2
2		4	1		7	5		9
			5	2	3			

L-1-246 — Easy — Score: 284

			8	9		5	1	
			3	8		6	9	
7	6			3			5	2
1	9			8			3	4
		6	2		4	7		
2	7			9			8	1
6	8			4			1	9
		2	1		8	3		
		1	7		9	4		

L-1-247 — Easy — Score: 284

5			1		3			9
	2		4	9	8		1	
		1			6			
3	5		9	7	6		8	1
	6		2		4		5	
2	8		5	3	1		7	6
		2			8			
	7		8	4	9		3	
8			6		7			4

L-1-248 — Easy — Score: 284

3		6		7		1		8
	1		6		2		3	
	2		4		3		7	
9		7		5		3		6
	6		9		1		8	
4		1		6		5		2
	7		1		8		5	
	9		7		5		6	
2		8		9		7		1

L-1-249 — Easy — Score: 284

2			3		9	1		
		3	2			4	8	
	5	1		7			9	3
7	3			8	5			4
		4	7			3	1	
8			6			3	7	
3	2			1	4			9
	8	7		3			4	2
		5	8			6	3	

L-1-250 — Easy — Score: 284

	2		5		8		4	
4	7	6	9	3				
5		3		2		7		9
					4	9	7	6
	6		2		5		3	
8	3	4	6	9				
7		5		4		3		8
					9	2	5	1
	1		8		3		9	

L-1-251 — Easy — Score: 284

1		7						
6		2	9	3	4	5	7	
3							4	
8	6	3	5	4	9		2	
	1		2		6		3	
	2		1	8	3	9	5	6
9								3
	3	8	7	5	1	2		9
						4		5

L-1-252 — Easy — Score: 285

8			6		2			
3	6		4		1	8	9	7
			9					3
4	2	7	8		5	1		9
						2		
9		5	3	2		4	6	8
7				8				
2	8	1		9		3	5	6
		3		1		7		

39

L-1-253 — Easy — Score: 285

		2		7				
7	5		9		8		3	6
3	9		6		5		4	7
		9				4		
6	4	1		2		7	5	3
		3				8		
4	2		7		6		1	9
9	1		3		4		2	8
			1		2			

L-1-254 — Easy — Score: 285

			2	4		6	5	
	6	7				9	4	
5	1			7			8	2
	8	6				3	2	
		9	5		7	4		
4			2	8	3			9
		3	6			8	2	
	7	8				1	5	
9	2			4			3	6

L-1-255 — Easy — Score: 285

4			6	1	9			3
			2	4		5	9	
	8	9				1	5	
9	1			2			6	7
	2	5				8	4	
			4	1		8	3	
5			2	7	6			8
			3	8		1	6	
	4	6				7	1	

L-1-256 — Easy — Score: 286

	2				5			
1			4	9	2	5	7	
				8			9	
	3		6	7	9		1	8
	8	9	5			4	7	3
4	7		8	2	3		5	
	1			5				
	4	5	9	3	6			7
			2			8		

L-1-257 — Easy — Score: 286

		9	8		1	6		
3			4		6			7
	7			3			4	
9	2	7			3	4	1	
		7	2		5	9		
8			6		9			2
	3			9			7	
	8	4	5			7	3	6
		1	3			4	8	

L-1-258 — Easy — Score: 286

							3	6
					7	9	8	4
7	3	6	8	9	4	2		
					5	8	4	1
2	8						7	3
6	4	1	7					
		3	5	2	9	4	6	7
9	6	7	4					
5	2							

L-1-259 — Easy — Score: 286

		4			3			
1	7		6	9	5		4	2
2				7				1
	1	9	8			7	6	3
		8			9			
3	5		9	6	4		2	8
7				4				3
	4	2	1		6	7	5	
		5			4			

L-1-260 — Easy — Score: 287

	4		1		5		3	9
	3		6		8			7
	7		2		9	5		
	5		8			7	2	6
	9		5	1				
	6			2	4	9	5	1
	8	9						
		3	4	5	2	6	9	8
4								

L-1-261 — Easy — Score: 287

			4				3	
9	8		3			1	2	7
			3		5		9	
	7	4	1		8	6	5	2
				2				
2	1	6	7			4	8	9
			9			6		1
5	3	2		7			6	8
	4			5				

L-1-262 — Easy — Score: 287

	3			4			6	
2	7	9		1		3	8	4
	4	8				5	1	
			4		7			
7	9			5			3	1
			2		1			
	8	3				7	4	
9	6	2		8		1	5	3
	1			6			2	

L-1-263 — Easy — Score: 287

2		6				1		7
		5		1		2		
7	1			6			9	5
			6	5	9			
3		9	2	4	8	7		6
			7	3	1			
5	6			8			4	2
		1		2		3		
8		2				6		1

L-1-264 — Easy — Score: 287

2		3		5		7		1
4		5		7		3		9
	9		4		3		8	
			9				2	
6		2		8		5		3
5		9		4		1		8
	7		5		6		3	
	5					4		
3		6		1		9		4

L-1-265 — Easy — Score: 288

		7	4		9	6		
			1		5			
9				2				7
6	2		9	8	7		5	3
		3	5		2	4		
7	9		3	4	1		2	6
4				5				2
			2		3			
		2	8		4	3		

L-1-266 — Easy — Score: 288

1		5	7	9			4	6
7			1	5	8			
		2	4		3	5		1
	1	7				3	6	5
5	9			4			1	8
3	2	8				7	9	
2		9	5		6	1		
			2	8	1			9
8	5			3	4	6		7

L-1-267 — Easy — Score: 288

		3				7		
7	9	4		2	3	6		1
	5	6	8		1	4	3	
	7				2			
		9				2		
8	6	2		9	4	1		3
	2	8	9		6	3	4	
	3				7			
		7			5			

L-1-268 — Easy — Score: 288

9		4		1		7		6
		3		6		9		
1	7					3	2	
			9	5	6			
2	4		8		1		7	5
			2	7	4			
7	1					2	4	
		5		2		1		
3		2		4		5		7

L-1-269 — Easy — Score: 288

6				3				1
4	8		2	9	6		7	3
5				7				8
		4				9		
	6	7	9		2	8	4	
		2				7		
9				6				7
2	4		7	5	1		6	9
7				2				4

L-1-270 — Easy — Score: 288

6	4	7		8	1	3		
		3	2	7		8	9	6
2	3	4		1	5	9		
		5	4	2		1	6	3
8	6	2		5	9	7		
		9	1	6		5	3	8

L-1-271 — Easy — Score: 288

4		6			2			1
7			1		4			
9	1			5			6	
2	7	1			3			5
	5	3	6			1		
6	4	9			1			3
1	9			8			4	
3			4			7		
5		4			6			2

L-1-272 — Easy — Score: 288

9		8	6		7	2		4
			3	1	8			
	3			4			7	
			9	2	3			
6		2	1		5	9		3
			4	8	6			
	5			3			8	
			5	6	2			
4		7	8		1	3		2

L-1-273 — Easy — Score: 288

	1	2		4	3		9	8
	7	8		1	5		3	2
8	5		4	9		3	6	
9	2		7	6		4	5	
1		5	8		9	2		6
7		9	5		4	1		3

L-1-274 — Easy — Score: 289

			3		1			
4	2		5	7	6		9	8
	1			9			6	
	7	1		2		9	5	
				4				
	6	4		1		8	3	
	4			5			7	
8	9		2	3	7		1	5
			1		4			

L-1-275 — Easy — Score: 289

	3		6			2		5
7			8		4		6	
	1		2			8		7
8			5					
	7		9	6	8	4	2	3
2			4					
	6		1			5		2
9			7		6		3	
	5		3			7		6

L-1-276 — Easy — Score: 289

		9		3		5	7	6
		2	5	1		3		8
8	3					2	4	1
	2		9	5	1			
1	6		4		7		2	5
			2	6	3		8	
2	8	6					3	9
9		7		2	6	8		
3	4	1		9		6		

41

L-1-277 — Easy — Score: 289

8	1		4	3		2	7	
5				8	9	6		
		2			7			
		8				1		4
	7	6	9				1	2
3	5		8	4		7	6	
9				6	4	3		
		4			8			6
		3						8

L-1-278 — Easy — Score: 290

			5				6	
	9		7	8	1	5	3	
	3							
	2	5	1	4	8	9	7	6
4	1	8	6	7	9	3	2	
								9
	4	2	3	5	6		1	
	8				2			

L-1-279 — Easy — Score: 290

7	3		4	9	5		1	8
		1				2		
	4	9	8			1	7	5
3				4				7
4	7		5	1	2		3	6
		6				5		
	9	4	3		7	8	2	
8				5				1
2	5		1	8	4		6	9

L-1-280 — Easy — Score: 290

	6			3			1	
	3	1			7	4		
		9		2				
1	4		6		7		3	9
	2		5		3		8	
3	7		2		1		5	6
			4		6			
	9	7				6	2	
	5			2			7	

L-1-281 — Easy — Score: 291

7	3			6			2	9
9			3		4			8
		2				5		
	9		8			4		
5			7	1	9			6
	6			5		7		
		5				6		
2			8		7			4
3	7			4			8	2

L-1-282 — Easy — Score: 291

			3			4		
9		2		4		5		6
	7	8	2		5	3	9	
		5				2		
3				8				5
		9				8		
	6	7	3		4	1	8	
8		1		7		6		2
		4				7		

L-1-283 — Easy — Score: 291

	1	7	6		8	9	2	
			9					
6	5	9		2		4	1	8
7	2			1			3	9
8			5		6			7
4	6			7			8	1
5	8	4		6		7	9	2
				5				
	7	6	4		2	1	5	

L-1-284 — Easy — Score: 292

	3		8	1	5		6	
6		2				5		1
7		5		9		4		3
1		9				3		5
	6		4	3	7		1	
3		7				8		6
2		1		8		9		4
4		3				6		8
	5		9	2	4		3	

L-1-285 — Easy — Score: 292

5			6		2			3
1			7		8			2
9		8	4		1	7		5
7	3	4				8	9	6
				4				
6	9	1				2	5	4
4		9	3		7	5		1
3			5		9			8
2			1		4			9

L-1-286 — Easy — Score: 292

2		6	1		9			5
1	8		7			3		2
	7			6		4	9	
		2		5	3		4	
7		3	6		4			8
9	5		8			6		3
	2			8		7	3	
		7		1	2		8	
6			8	5		7		4

L-1-287 — Easy — Score: 292

6				7				5
8		1		4				2
		3	8	2		4		9
3		5				8	1	6
2	1	8		3		9		
7				8	5	2		4
9		7		6				1
		6	4	5		7		8
4		2				6	9	3

L-1-288 — Easy — Score: 292

6			7	5			2	1
5	4			1	8			6
	1	8				6	3	
		6	9			5	1	
4			8	6			9	3
2	8			3	5			7
	6	5				3	7	
	4	5				1	6	
9			6	8			3	5

L-1-289 — Easy — Score: 292

	7	6		1		2	8	
1		4				5		6
2	5		4	8	6		7	9
		9			8			
8		7		9		4		2
		5			6			
3	6		5	2	9		4	1
5		2				3		8
	4	1		6		9	2	

L-1-290 — Easy — Score: 292

			2	8	5	1	7	
9			7		3			
5				9	4			
4	2	1		5			3	6
8		5	1	7	6	9		4
6	7			4		8	5	1
			9	3				7
			4		1			3
	4	3	5	6	7			

L-1-291 — Easy — Score: 292

	8	4	9	2	7	3	1	
		7	1		5	6		
2			4	6	3			8
	1						4	
8		5		3		9		2
	2						7	
1			8	7	6			9
		9	3		4	2		
	6	8	2	5	9	1	3	

L-1-292 — Easy — Score: 293

	9	8		1		3	2	
5	2			7			4	9
6				2				8
			3	9	7			
1	4	3	5		6	2	9	7
			2	4	1			
3				6				4
4	7			3			8	6
	1	6		5		7	3	

L-1-293 — Easy — Score: 293

9		8		4		1		6
			5	3	1			
	1		9		8		2	
4	9	6				3	8	1
5		3		8		9		7
			3	9	6			
	6		8		7		9	
1	7	9				6	5	8
8		4				7		2

L-1-294 — Easy — Score: 293

		4	3			2	6	
			5	1	4			
8				6				4
3	5		2	7	1		9	8
	9	7	6			8	5	1
2	1		4	9	5		7	6
9				4				5
			1	2	6			
		2	9			3	8	

L-1-295 — Easy — Score: 294

9		5		3		8		7
		3		9				
1	6	8		2	5	4		3
						9		2
3	4	2		5		7		1
		6						5
6		1	8	7		2	5	4
						1		
2		9	3	4	1	6		8

L-1-296 — Easy — Score: 295

8		3	2			9	1	
	5	9				4		7
4	6				5		8	3
1			3	2		8		
			8		9			
		8		6	4			2
3	9		4				2	1
5		2				6	4	
	1	4				2	3	8

L-1-297 — Easy — Score: 295

	8	2			6	7		1
6		7				9	8	
5	3		8				2	6
		5		4	1			7
			3		5			
4			9	8		6		
2	6				4		1	3
	7	9				8		4
3		4	1			2	7	

L-1-298 — Easy — Score: 295

			8		7			
7	1	9		6		4	2	8
5		6				9		7
	3		1	4	2		7	
			6		5			
2	7	4		8		5	6	1
1		2				6		4
	4		9	5	6		1	
			2		4			

L-1-299 — Easy — Score: 295

2	6	7		1		9	8	3
			8		3		6	
5	1			6			2	4
	2			7			9	
8			4	2	3			6
		6	8		9	1		
	8	4				3	6	
6	5						4	7
1				4				9

L-1-300 — Easy — Score: 296

2	4			6		9		
3	6					1		9
			8	3	4	7		
9		5				1	8	6
		4		7		5		
6	3	2				7		9
			4	5	2	8		
	5		7				1	4
		1		8			5	7

L-1-301 — Easy — Score: 296

4		9			1	5		6
		3				1		
6	1		5	4	3		8	7
		5				7		
2		1		6		4		9
		4				3		
3	5		8	2	4		9	1
		8				2		
9		6		7		8		3

L-1-302 — Easy — Score: 296

6		4	1		2	3		7
			6	9	7			
1		2				8		9
2	4						3	6
	8			4			2	
5	6						9	8
4		6				2		5
			4	5	8			
3		8	2		1	9		4

L-1-303 — Easy — Score: 296

	2		6	7	5		8	
	8				4		6	
7	1		8			9	4	
		3		2		8		
2		4	1			3		6
		7		3		4		
4	2		6			5	7	
	9			5			3	
	3		2	9	7		1	

L-1-304 — Easy — Score: 296

		9				5		
9	4	7		8		1	2	
	6			4	7		9	
		3		5				9
	9	2	7		8	5	4	
1				9		8		
5	7		3	2			8	
		6		7		9	1	2
	2	9			4			

L-1-305 — Easy — Score: 297

	1					3	2	
	9	5				1	8	6
2	4			9			7	
9			3	1	2			
			8	6		7		5
			9	5	8			1
	6			3			4	7
7	2	9				6	1	
			3	1			5	

L-1-306 — Easy — Score: 297

					1	2	9	5
4	6	3	5					
2				8	4	3		
8			7	2			1	
5			6		9		7	
3			8	4			6	
6						7	3	4
1	4	2	8					
					4	6	2	1

L-1-307 — Easy — Score: 297

1	8		5	2				
3		4	1			7		
	9	2			3	1		
			5	6			7	1
		8		9		6		4
		7	8			9	3	
2	7			4	6			
6		1		7		5		
	4	9			5	2		

L-1-308 — Easy — Score: 297

		3	2		1	8		
	1	7		8		9	3	
2	6						5	4
5		9		1		4		8
8		4		5		7		9
6	9						8	7
	4	5		2		6	9	
		2	7		9	5		

L-1-309 — Easy — Score: 297

			4		6	7		
	5	9				3	6	
7	3			8			9	2
			9	7	5			
1		2	8		4	5		9
			6	1	2			
3	9			5			4	7
	4	1					9	8
		7		9		6		

L-1-310 — Easy — Score: 297

8	6		3		9		2	4
7	2			8			5	9
			4		2			
5		7				2		1
	9						6	
4		6				5		3
			8		7			
1	7			3			8	2
3	5		2		1		7	6

L-1-311 — Easy — Score: 297

	5			3			9	
4	9		6	2		3	1	
		3			4			5
	4			7			3	
8	3		4	6		9	2	
		2			8			6
	7			8			6	
9	6		2	5		7	8	
		8			6			9

L-1-312 — Easy — Score: 298

					5	3		7
	9	5	8		4	1		
	7		3		2	5	4	8
	8	6	9					
						1	6	7
9	2	7		3			1	
	2		4		3			
5		4		6	9	2	8	
		9						

L-1-313 — Easy — Score: 298

	2	4				3		
		3			6			
			6			9	1	
5			2	9		1	4	7
2	8		5	7	4		6	9
9	4	7		6	1			5
	5	9				7		
		2				4		
		4				7	9	

L-1-314 — Easy — Score: 298

	9	7				4	2	
6	1		4				5	9
			7	6	9			
	3	6				1	4	
	2			8			3	
	8	5				6	9	
			9	2	5			
1	6			3			8	5
	5	3				9	7	

L-1-315 — Easy — Score: 298

5	7	2			8		1	4
4		8			2			5
6	1	9		4	5	2		
					5	3	2	7
		3	8		7	1		
9	5	7		1				
		5	3	8		7	9	6
3			9			5		2
7	9		5			8	3	1

L-1-316 — Easy — Score: 299

			7	6				
	1	3		4	8	9	7	
	7					6		
			3	2			9	4
2	3		6			1	5	8
5	9		4	8				
	2						3	
	5	8	3	1		2	4	
			8	2				

L-1-317 — Easy — Score: 299

					3		8	
5	6	4			1	2	3	
7		9						
4	1	6			2	9	5	
					4		1	
9	8	7			5	6	4	
3		8						
8	9	2			6	4	7	
					9		2	

L-1-318 — Easy — Score: 299

						4		
	1	3	2	8	5		7	
	9					2	5	
	6		1	9	3		8	
	5		4		8		3	
	4		6	5	2		9	
	2	7					4	
	8		3	1	4	7	2	
			4					

L-1-319 — Easy — Score: 299

		9		8	4			7
3		2			9		8	
		8	5		6			
	7	1			2	6	4	9
		4		5				3
2		3			7			
		7	1	6	5	8	3	4
	3				8			
			4				7	

L-1-320 — Easy — Score: 299

			7		9			
	8		5				3	
9			8	6	2	1		
1		8				2		9
6				8		4		
3	7	2	1			8	5	6
			3		6			
	2		4				6	
5			9	1	8	7		

L-1-321 — Easy — Score: 300

	8	5		4		2	7	3
		6		2				
1	2	7		8	3	4	5	
				9			1	
3	4	2	1	7	6		8	9
	9					8		
		6	9	5	7	3	4	8
					2	9		
7	1		8		4		2	5

L-1-322 — Easy — Score: 300

			5					
		9	4			2	8	
	6		1	7	8		4	
	7	5				1	6	
9		2		4		5		8
	8	1				2	9	
	4		3	2	7		5	
		7	5			6	4	
			9					

L-1-323 — Easy — Score: 300

	4	3			5			1
		9	8				5	3
			6	3		7	4	
				6	1	4		
2					7			8
				4	8	1		
		1	5		9	3		
			1	4			8	7
	9	5			3			6

L-1-324 — Easy — Score: 300

6				7				1
			9	8	1			
		9	4		3	7		
	7	6				8	4	
5	4			9			7	3
	8	2				1	6	
		5	2		7	3		
			8	5	6			
8				1				4

L-1-325 — Easy — Score: 300

	9	4				3	5	
8	6			4			1	7
2			3	8	7			9
		6	8		2	4		
4			9	5	6			3
9	7			1			2	6
	4	9				7	8	
6	2			9			3	1
5			2	3	8			4

L-1-326 — Easy — Score: 300

		3	6			8	7	
			8				3	
1			4	9			2	5
	1	8			6	4		
	6				5			
4	5			1	8			6
		4	3			7	1	
		5				6		
8			1	7			4	9

L-1-327 — Easy — Score: 300

	7			9		8	5	4
2			7			3		1
		1				7	6	2
	4				2			
8				5				6
			8				4	
6	9	2				1		
7		5			6			8
4	3	8		7			2	

L-1-328 — Easy — Score: 300

	3						9	
1			7		9			4
		4	5		1	3		
	8	2				7	3	
	7	1		8		6	5	
	9	6				2	4	
		9	1		2	8		
2			9		8			6
	1						2	

L-1-329 — Easy — Score: 300

	1						6	
		3	4		5	9		
5			9	6	1			3
	6					2		
		5	1		8	7		
7			3	4	6			1
	3					5		
		7	8		2	6		
8			6	3	4			2

L-1-330 — Easy — Score: 300

			1	3	7			
	8			6			2	
		3	2		9	4		
7		9				2		6
8	2			1			4	3
6		4				5		1
		6	4		2	1		
	4			5			3	
			8	7	3			

L-2-1 — Medium — Score: 301

	2		9	1	7		4	
	9		6	3	8		1	
1	8	7		4		9	3	6
9	5	3		6		4	7	1
	6		3	5	1		9	
	1		7	9	4		6	
2	4	9		7		1	8	3
5	7	1		8		6	2	9
	3		1	2	9		5	

L-2-2 — Medium — Score: 302

4	9	7	5	3		6	2	1
2								4
3		5	1	4		9		8
6		8				4		
5		4		2		7		6
		9				5		3
8		6		1	7	2		5
1								9
9	5	3		8	6	1	4	7

L-2-3 — Medium — Score: 303

4		7				6		9
	1		7	4	9		8	
	8		1		3		7	
	2		8	7	1		9	
3		9				1		8
	6		3	9	5		2	
	4		6		2		3	
	5		9	8	7		4	
1		2				8		7

L-2-4 — Medium — Score: 303

		6	3		8	1		
	5		1		7		9	
3			5		6			2
5	7	8	2		4	9	1	6
9	6	1	7		5	3	2	4
4			8		9			7
	2		6		3		8	
		9	4		2	5		

L-2-5 — Medium — Score: 303

	2	3		8		1	7	
4		1				6		5
7	8		1	5	4		9	3
		9				4		
6		8		9		5		7
		2				3		
2	1		7	4	9		3	6
9		4				7		2
	6	7		3		9	4	

L-2-6 — Medium — Score: 304

		3		4		1		
	8			6			3	
9			3	5	8			2
		1	5	2	7	8		
5	4	7	8		9	3	2	6
		8	6	3	4	5		
8			4	9	3			7
	6			7			8	
		4		8		2		

46

L-2-7 Medium Score: 304

	4	8		6	1		5	9
	3			5			6	
6	2		7	9		1	3	
	5			3			1	
	8	7		2	4		9	3
	9			8			4	
4	1		5	7		9	8	
	6			1			7	
	7	9		4	6		2	1

L-2-8 Medium Score: 305

			5		7			
6	4	8		2		1	7	5
5		7				4		2
	9		4	6	1		5	
			8		2			
2	8	1		7		9	4	6
8		6				3		9
	1		7	8	9		6	
			2		6			

L-2-9 Medium Score: 305

3	1	9				5	8	7
		6		8				3
5	2	8				6	9	4
			1	2	4			
	8				9		2	
			7	6	8			
7	6	3				9	5	8
		5		9				6
8	9	1				4	3	2

L-2-10 Medium Score: 305

							7	
	2	3	8	5	7		9	
	4	7	2	9	6		8	
3	5			7	2		4	
	9		4		3		1	
	8		6	1			3	2
	1		7	6	9	8	5	
	3		5	4	1	7	2	
	7							

L-2-11 Medium Score: 306

1		8		4		3		2
				9				
4		7	8	1	2	6		5
		6				7		
2	7	5		8		1	3	4
		9				2		
9		3	7	5	1	8		6
				2				
7		1		6		9		3

L-2-12 Medium Score: 306

6		8	1	3	4	5		7
				5				
2		5		6		8		3
1								6
7	6	2		1		3	8	9
9								5
8		1		7		6		4
				9				
5		9	8	4	6	1		2

L-2-13 Medium Score: 306

6		5		9		8		1
7		2		4		5		3
	1		5		3		6	
			8				3	
3		8		5		6		4
1		9		6		7		8
	6		4		5		2	
	5				9			
4		1		2		3		5

L-2-14 Medium Score: 307

	4	6	9		7	2	8	
5								3
2			5	4	1			7
8		5				7		6
	7	9		6		3	2	
3		1				8		4
6			2	9	4			8
9								2
	1	2	3		8	6	4	

L-2-15 Medium Score: 307

	9		8		7		1	
7	1	3	2		6	4	8	5
	6						9	
6	8		5	3	1		7	9
			4		8			
1	5		9	6	2		4	3
	2						3	
5	7	6	1		3	9	2	4
	4		6		9		5	

L-2-16 Medium Score: 307

	5			6			4	
7	8		3	9		6	5	
		2			5			7
	9			5			7	
5	7		9	3		1	2	
		4			6			9
	1			8			6	
2	3		6	4		7	1	
		7			1			3

L-2-17 Medium Score: 307

8		2	3		4	1		5
			2	7	9			
	3			5			4	
		9	3	6				
7		5	4		8	6		2
		7	2	5				
	4			9			5	
			6	8	2			
6		1	5		7	9		3

L-2-18 Medium Score: 307

			4				7	
4	2		3			9	5	1
		8		5		2		
	6	2	8		5	7	4	9
				1				
8	3	9	7		4	6	5	
			2		3		8	
	9	7	1		8		6	3
	1			7				

47

L-2-19 — Medium — Score: 308

		1				2		
	3		6	5	4		9	
6		7				3		8
	1		4	9	8		7	
	7		2		1		3	
	9		7	3	5		4	
3		9				4		6
	6		1	2	9		8	
		5				7		

L-2-20 — Medium — Score: 309

3	4	2		6	7	1		
		6	4	3		8	2	7
2	3	1		7	8	6		
		8	2	4		3	9	1
1	5	3		2	9	7		
		9	7	1		5	6	3

L-2-21 — Medium — Score: 310

					5		4	
	4	3	2		8	5	6	
	5		7					
	3	7	6		1	8	9	
						2		1
	1	5	8		4	7	2	
	8		5					
	6	2	4		7	9	3	
					3		5	

L-2-22 — Medium — Score: 311

6	2	1		4		9	5	8
		8		9		7		
		3		2		4		
9	7		3	8	1		6	5
			5		4			
8	3		9	6	2		7	4
		2		1		6		
		9		5		3		
1	6	7		3		5	4	9

L-2-23 — Medium — Score: 311

	8				5			
6	9		2		8	7	5	
			7				6	
	5	9	8		4		7	3
						7		
2	6		1	9	3		4	
	2						3	
	4	3	9		1	2	8	
			3					

L-2-24 — Medium — Score: 312

	2	9	3	5	8	6	1	
1								8
8		4		9		2		5
6			7		3			2
5		1		4		8		3
9			5		6			1
2		7		6		3		9
3								6
	8	6	2	3	9	1	5	

L-2-25 — Medium — Score: 313

	1		7		5		3	
	5		1		8		4	
4		7		9		1		6
	9		5		6		2	
	2		9		7		8	
5		6		2		7		9
	6		2		3		7	
	7		4		9		6	
3		5		7		2		8

L-2-26 — Medium — Score: 313

			1		9			
	6	5	4		7	9	2	
	8		6		3		5	
1	5		3	6	2		8	7
			5		4			
2	3		7	9	8		6	5
	1		8		5		7	
	9	3	2		1	5	4	
			9		6			

L-2-27 — Medium — Score: 313

8								6
5	2			1			9	3
	4	6				8	1	
3		2	9	6	4	7		5
	6		2		3		4	
4		9	8	7	1	3		2
	9	5				6	7	
2	7			8			5	4
6								1

L-2-28 — Medium — Score: 313

	1		7		5		8	
	6		3	2	9		7	
	3		8		4		9	
	9	6				5	3	
3	2			9			6	7
	5	7				8	2	
	8		9		6		4	
	4		2	3	7		1	
	7		4		1		5	

L-2-29 — Medium — Score: 314

8		4		2		3		1
		9				2		
1	6	2	3	7	8	9	4	5
		7				6		
6		5		1		4		7
		8				1		
4	8	1	7	6	9	5	2	3
		6				7		
5		3		4		8		9

L-2-30 — Medium — Score: 315

	5		9		6		2	
9	6		5	2	1		3	7
6	8		4	9	2		1	3
	3		1		7		6	
2	4		3	6	5		7	9
4	9		7	5	3		8	1
	7		2		9		4	

L-2-31 — Medium — Score: 315

	1					2		
4			1	7	6	2	9	
				9			6	
	4		8	5	3		1	2
	6	1	9			4	3	7
2	8		7	6	1		5	
	7			8				
	5	2	3	4	7			6
			2				3	

L-2-32 — Medium — Score: 316

	9	1		5		2	8	
	2	3		1		5	4	
	4			6			9	
			1	2	8			
2	8	7	3		6	4	1	5
			5	4	7			
	1			7			6	
	7	8		3		9	5	
	6	2		8		1	7	

L-2-33 — Medium — Score: 316

	1		3	6	9		8	
9		6		4		3		7
	3			8			6	
6		5	8	7	4	2		1
3	4	2	6		1	7	9	8
8		1	2	9	3	4		6
	5			3			2	
7		3		1		6		5
	6		4	2	5		7	

L-2-34 — Medium — Score: 317

7		9		8		2		6
		2		7		4		
8	1						5	7
			7	4	6			
6	7		9		2		3	4
			3	5	8			
3	8						4	9
		7		6		1		
2		1		3		8		5

L-2-35 — Medium — Score: 317

	1					9		
8				1				4
7	9	3	6	2	4	1	5	8
4				6				7
		5				2		
3				8				5
2	7	6	3	9	5	8	4	1
1				4				3
		4				6		

L-2-36 — Medium — Score: 318

2			5		6			
1	9		2		4	3	5	8
			8					6
7	1	2	6		8	5		9
						2		
9		3	7	4		6	8	1
3				8				
6	4	1		2		8	9	5
		9		6		7		

L-2-37 — Medium — Score: 318

		1			7			
9				4				8
8	3	7	5	6	9	1	2	4
1				7				9
		3				6		
6				2				1
5	6	9	3	1	7	4	8	2
7				8				3
		4				9		

L-2-38 — Medium — Score: 319

5				7				4
	2	7				3	5	
	6		1	3	5		7	
		9				7		
3		5		9		2		6
		4				1		
	5		3	8	6		1	
	4	6				8	2	
8				2				7

L-2-39 — Medium — Score: 319

1		9	6	4		8	5	2
		4	7					1
6	5	8	9		1	7		3
3		2				5		
7				9				8
			4				9	6
4		3	1		9	2	8	5
8						3	7	
9	7	5		8	3	1		4

L-2-40 — Medium — Score: 319

7	3	2	9	5	1	4		6
1						9		3
8						7		5
		9	6			1		8
3		5		4		2		7
2		8			3	5		
6		1						2
9		7						1
5		3	1	6	4	8	7	9

L-2-41 — Medium — Score: 321

	9	1	3		8	6	2	
		7				1		
2				1				4
4	6		9	8	2		5	1
	8		1		5		3	
	2	5	7		4	9	6	
	2					3		
3				5				9
9	5		2	7	3		1	6

L-2-42 — Medium — Score: 322

9		4		5		6		2
	1		9		8		7	
	7		1		2		5	
4		1		9		5		3
	6		5		1		8	
8		7		3		2		1
	4		2		6		3	
	9		3		5		4	
7		5		8		1		6

L-2-43 — Medium — Score: 323

8				5	1		9	3
			3	6				7
		4	9			5		
	1	9	6	4				8
4	6		7	2	3		5	1
3				8	9	4	2	
		1			7	3		
9				1	6			
7	2		5	3				9

L-2-44 — Medium — Score: 324

	9	4		1		8	6	
1	6			4			7	9
5				9				1
			2	5	8			
9	1	6	3		4	5	2	8
			9	6	1			
3				8				2
6	8			2			5	3
	5	2		3		1	8	

L-2-45 — Medium — Score: 324

2	8	3	5	7	4	6	1	9
7								5
6		5	1	8	3	2		7
5		9				3		6
8	7	4	2		6	5	9	1
				6		7		
3	5		4		9		6	2
		6		3		8		5

L-2-46 — Medium — Score: 325

	5		7		4		3	2
	1		6		3			7
	9		2		5	8		
	2		3			4	7	5
	7		8	5				
	6			2	7	3	1	8
	4	1						
		9	1	3	6	2	5	4
5								

L-2-47 — Medium — Score: 325

2	3		5	4		1	7	
5			6			2		
1			9			6		
	2	9		8	6		3	5
	1			5			4	
	8			2			1	
3		1	2		5	4		8
		7				4		1
		2				1		7

L-2-48 — Medium — Score: 326

		7	9		1		3	6
		5		8		2		
3		1				8		4
4			6		7			8
9	3		4		8		1	6
	8		9	3	1		2	
	5			7			8	
		8				1		
1			8		5			2

L-2-49 — Medium — Score: 326

4	9		7			8	6	
	7			9	1		3	
		1	4		8			9
9	4		2			7	8	
	1			3	7		5	
		5	9		6			3
1	3		5			2	9	
	5			8	2		4	
		4	3		9			5

L-2-50 — Medium — Score: 326

7		8						
9		3	7	5	1	8	6	
6							2	
2	3	1	8	4	6		9	
	9		3		7		1	
	6		9	1	5	4	3	2
	8							5
	7	2	5	8	3	9		6
9		7				1		

L-2-51 — Medium — Score: 328

						1	9	7
	9	6	5			8	2	
	4		2		9	1	6	5
	2	9	3					
						4	3	2
4	1	3		5				7
		1		8				4
3		5			1	6	8	9
		4						

L-2-52 — Medium — Score: 328

	7	6	5		2	4	3	
			9		3			
	2	7	3		4	9	8	
	6						7	
	8	1	7		9	3	2	
7	5	3	8	2	1	6	4	9
8								2

L-2-53 — Medium — Score: 330

		4				3		
7		1		6		8		5
	6	2	5		1	4	7	
		9				1		
5				7				8
		6				7		
	1	8	9		6	2	3	
9		7		1		5		6
		5				9		

L-2-54 — Medium — Score: 330

		3	1		5	4		
		4	3		6	2		
8	6			7			9	3
9	5			2			8	7
		2	9		1	5		
4	3			5			2	1
3	1			4			6	5
		8	5		9	7		
		7	6		8	3		

L-2-55 — Medium — Score: 331

3	1						5	7
	6	2				1	8	
		8	5		9	6		
2			4	3	8			5
6	8		2		1		4	3
7			9	5	6			1
		6	1		5	3		
	4	7				5	1	
1	5						9	8

L-2-56 — Medium — Score: 332

3	2		9	8				7
5				7	4			
		9				6	8	
7				3	5	1	2	
6	4		7	9	2		8	3
	5	3	4	1				9
		2	5			9		
		1	4					6
9				2	3		1	5

L-2-57 — Medium — Score: 332

	4		3	1	2	7	8	6
	8							5
	6	2	8	5	9	3		1
							2	7
6		3		9			8	4
1		8						
2		5	1	4	8	6	7	
4							5	
8	1	6	5	3	7		9	

L-2-58 — Medium — Score: 333

			2	5	7			
	7			4			9	
3	2	6				5	4	7
1		7	6		2	8		5
			7	1	4			
6		2	5		8	4		1
9	3	8				2	6	4
	6			2			5	
			8	6	3			

L-2-59 — Medium — Score: 333

	3	2	6			1	7	4
5				3				1
1		6		9		5		3
8				6				4
	1	5	9		8	6	7	
7				2				5
2		8		1		3		9
4				7				6
	5	3	2			9	4	1

L-2-60 — Medium — Score: 334

6	4				7	2		
1		5		3		4		
	7	8				9	3	
			2	8			5	6
		9		6		1		7
		2	9			8	4	
4	2			9	8			
5		1		2		6		
	3	7			5	2		

L-2-61 — Medium — Score: 334

	1		5			8		
7	6	5		9		1	4	2
	4	8				9	7	
			8		1			
4	8			6			9	1
			4		9			
	3	9				7	1	
6	5	4		7		8	2	9
	7			8			5	

L-2-62 — Medium — Score: 334

5		3				6		2
		8		5		3		
2	1			3			4	7
			4	6	1			
1		7	9	2	5	8		3
			3	8	7			
3	2			9			7	8
		1		7		2		
7		5				9		6

L-2-63 — Medium — Score: 335

8								
6		4	2	1	9	7	3	
9		1					2	
7		8		5	2		1	
5		6			8		9	
3		2	7	6	1		5	
1							6	
2	3	7	4	9	6	5	8	

L-2-64 — Medium — Score: 336

1		4		8		7		5
6				2				3
7	8	2	3	4	5	1	9	6
		5			8			
2		1		3		5		4
		8			6			
5	4	3	2	1	8	9	6	7
8				6				1
9		6		5		2		8

L-2-65 — Medium — Score: 336

9	3		4	8		1	6	
1				6	3	7		
		4			1			
		9			4			1
	4	2	6				7	8
7	1		2	3		4	5	
5				2	7	8		
		3			8			7
		1						2

L-2-66 — Medium — Score: 336

	7	2	3		9	5	1	
	1		6			4		2
	6	5	2			8	9	3
					7			4
	4	9	5			6	7	8
5	8	4	9	2	7	1	6	3
3								9

51

L-2-67 — Medium — Score: 338

1	2	8		3	4	5		9
3			5					2
5		4		1		6		8
6	3	7		4	9	2		5
4				6				3
9		5		7		8		4
7	4	2		9	1	3		6

L-2-68 — Medium — Score: 339

					9			
		8	4		7	2		
5			8	1	2		6	
	9	7				3	1	
4		6		8		7		9
3	2				8	4		
7			1	2	6		5	
		5	7		8	1		
					3			

L-2-69 — Medium — Score: 339

9	1	6				4	7	5
					5			
2	8	5				3	1	9
			6		4			
	7		8		3		6	
			2		5			
5	2	8				9	4	1
				8				
1	6	7				2	8	3

L-2-70 — Medium — Score: 343

1		4	6		9	8		5
		4		1				
7			2	8	5			4
4	1	2		9		5	8	7
		6	7		8	4		
9	8	7		5		3	2	6
6			9	4	2			8
		8		3				
3		8	5		7	6		2

L-2-71 — Medium — Score: 344

	4	3	6					
	1	2	8				7	3
		6	3			2	9	4
			5		7	3	2	8
					8			
6	2	8	9		3			
4	8	9				5	1	
2	6					8	5	4
						6	7	8

L-2-72 — Medium — Score: 344

6	1		2		7		4	8
5	8				4		3	1
				8		1		
4		2				8		6
	6						2	
8		1				5		4
			9		8			
1	7			2			6	9
3	9		4		6		8	2

L-2-73 — Medium — Score: 345

		9		7	4			2
2		1		8		6		
		4	3		2			
	1	2			9	4	7	8
		6		2				9
5		8			1			
		5	1	8	7	2	4	3
	2				5			
			2				5	

L-2-74 — Medium — Score: 346

6			4	7	9			2
			8	1				6
5	1	9			6	4	8	
	7	1				3	4	
3			9	2	7			8
			3	4				5
8	9	7				4	6	2
	2	6				8	5	
1			6	8	2			4

L-2-75 — Medium — Score: 347

4				7				8
			5	6	8			
		9	1		3	7		
	2	1				6	3	
3	5			1			2	9
	9	7				1	4	
		6	9		4	2		
			6	8	1			
9				2				6

L-2-76 — Medium — Score: 347

	7			8		5	9	6
3			6			1		4
		9				8	3	2
	9				3			
6				4				7
		5					2	
4	5	8			3			
7		6			1			9
9	2	1		3			8	

L-2-77 — Medium — Score: 351

			2		3			
7	4	8			5	1	6	
	9			7			8	
8	1		4	6	7		5	9
		5				4		
3	4		1	5	8		2	6
	3			1				7
	2	6	7			4	9	3
		3			6			

L-2-78 — Medium — Score: 352

3				1				6
				4	9	8		
			8	7		6	2	
	2	7		4			9	5
8	3		2		1		4	7
	4	6		8			3	2
		2	8			4	1	
			1	2	5			
7				6				2

L-2-79 — Medium — Score: 353

6		2	3		4	5		1
			9	7	1			
3		7				4		8
5	7						3	4
	2			4			1	
4	6						8	2
2		6				3		9
			6	3	2			
7		4	8		5	1		6

L-2-80 — Medium — Score: 354

9	7				8		6	1
5			9		4			7
		4				5		
	6			1			7	
7			3	4	9			8
	3			2			5	
		1				2		
6			2		1			3
2	9			6			8	5

L-2-81 — Medium — Score: 354

4		8		2		1		3
		1				2		
9	7		1	3	5		4	8
		3				7		
6		7		4		3		9
		5				8		
5	8		6	1	2		3	7
		9				5		
2		6		9		4		1

L-2-82 — Medium — Score: 355

		2						3
	8		9	7	1	5	4	
	9							
	6	4	7	5	3	2	1	9
2	5	1	8	6	9	4	7	
								8
	2	9	1	4	8		5	
	7				6			

L-2-83 — Medium — Score: 355

6		9				3		1
	4		3		7		8	
2		3	6		4	5		9
	6						9	
			3					
	1						2	
8		5	9		1	2		7
	9		7		2		3	
1		7				9		4

L-2-84 — Medium — Score: 355

		5	2			3	9	
9			5		4			3
	4			1			7	
	3	2	7			9	4	6
		1	6			5	3	
7			3		1			5
	2			3			5	
	6	9	4			2	7	3
		7	8			6	1	

L-2-85 — Medium — Score: 355

		4		3				
	2	6				1	3	
5	4			1			2	7
			6		7			
	7	5				2	9	
3	8			5			7	6
			5		2			
	6	9				5	4	
7	5			4			6	8

L-2-86 — Medium — Score: 356

2	1						4	3
4		7	9					5
		6			2	1	9	
		8		9			1	
			1	5	4			
	4			8		6		
	2	3	8			9		
9					7	8		1
8	7						3	2

L-2-87 — Medium — Score: 357

5	6	1	8					
						9	4	2
			3	5	7			
				3	6	5	4	
	8	1	7	5				
						2	1	8
			8	9	6			
				1	7	6	8	
	2	9	3	4				

L-2-88 — Medium — Score: 359

	2	5	1	7	9	4	3	
	7	8				2	9	
			5					
4	9	3		2		8	7	5
				4				
	3	7				5	1	
	1	4	7	9	8	3	6	

L-2-89 — Medium — Score: 359

						7		
9	7	1	6		5		3	
			4				5	
	5		9	1	3	2	8	
			8		4			
	9	7	5	6	2		1	
	3				6			
	1		7		9	3	6	5
			8					

L-2-90 — Medium — Score: 361

							2	3
					6	8	9	7
2	4	9	7	3	8	5		
					5	6	7	4
6	5						3	1
7	9	4	3					
		1	8	5	2	3	6	9
3	2	5	6					
9	8							

53

L-2-91 — Medium — Score: 364

		8				6		
2	7		8	5	1		3	4
		9				2		
	5	1	2		3	7	8	
9	4		7	1	8		6	3
	8	3	9		5	4	1	
		5				3		
8	2		5	3	9		4	6
		4				8		

L-2-92 — Medium — Score: 365

	7				4	2		
	2	3				9	6	4
1	8			9			3	
2			5	8	9			
		7	4		1	3		
			6	7	3			2
	5				4		1	7
4	9	8				5	2	
		2	8				4	

L-2-93 — Medium — Score: 365

3	4	9	6					
	5			4		9	2	
	9			1		3	7	
6	8	3	2					
					4	8	1	2
	3	4		2				1
	7	1		9				5
				6	7	3	4	

L-2-94 — Medium — Score: 365

			7	1	4			
	9			2			3	
		8	9		3	7		
5		7				1		2
9	4			3			5	8
8		6				3		9
		4	6		9	8		
	6			8			9	
			3	7	2			

L-2-95 — Medium — Score: 366

7	4	8		1		3	6	9
2		1				8		7
5	9	6	7	8	3	1	4	2
		7				4		
4		5		2		7		1
		9				2		
1	6	2	8	5	4	9	7	3
8		3				6		4
9	7	4		3		5	1	8

L-2-96 — Medium — Score: 367

								2
	3		7	9	6	1		
	5					6	3	
	4		3	5			8	
	8			7	4		1	
	9	1			2		7	
		5	6					
7			2	1	5	9	4	
	2							

L-2-97 — Medium — Score: 368

1			4		8			7
		2	5		3	9		
		5				3		
	6	3				2	4	
	9			8			5	
	1	7				6	9	
		6				4		
		8	6		4	1		
3			7		9			6

L-2-98 — Medium — Score: 369

3				9				5
			5		6			
		9				7		
	2						6	
7				1				4
	4	6	7		3	9	8	
		7	1	4	9	5		
			2	8	5			
1				6				9

L-2-99 — Medium — Score: 371

		1				2		
7	3		4	9	6		8	5
8				1				3
	4	5	8		2	3	9	
		3				5		
6	7		5	3	1		2	8
5				2				4
	9	6	3		7	8	1	
		7				6		

L-2-100 — Medium — Score: 371

5	6	1	7	9	2	4	8	3
4				3				1
8		2		6		7		5
6								8
1	7	4				9	5	6
2								7
3		6		1		5		2
7				5				9
9	1	5	6	2	7	8	3	4

L-2-101 — Medium — Score: 374

		5	8			7	3	
			6				5	
9			7	2			4	6
	4	6				9	2	
	3						2	
2	1			6	7			5
		8	4			3	9	
			9				2	
7			2	3			6	1

L-2-102 — Medium — Score: 376

9		3			2			7
1			8			2		
5	7			1			6	
7	9	1			4			2
	5	6	1			3		
4	3	8			7			6
6	1			4			2	
8			5			7		
3		7			1			5

L-2-103 — Medium — Score: 376

2		6		4		8		3
	4				7			
1		8		5		2		4
		5				3		
9		7		8		6		2
	1				6			
4		3		6		9		7
		7				4		
7		1		3		5		6

L-2-104 — Medium — Score: 385

		7				5		
1	4	3		9	2	8		6
	9	2	6		8	4	3	
	6				5			
		9				3		
4	5	8		1	3	9		2
	2	6	4		9	1	8	
	1				7			
		4				2		

L-2-105 — Medium — Score: 385

				2	9			
				8				
				5			4	
4	2	1					7	3
	7							4
			8			2		
1		8	4		5	3		
5	6	7	3		2	4	9	
3	4	2	9	7	8	1	5	6

L-2-106 — Medium — Score: 388

1				4				3
		7				9		
	2	4	3		8	1	7	
		1				8		
4				6				7
		5				2		
	9	3	6		2	4	8	
		2				3		
5				1				2

L-2-107 — Medium — Score: 388

9		1	5	3	8	2	6	7
6								
3		7		2		5		4
7				8				9
8		9	3	7	4	1		2
4				5				3
5		6		1		7		8
								6
1	7	4	8	6	3	9		5

L-2-108 — Medium — Score: 388

5		4				6		9
7		3				4		5
			2		5			
			9		8			
9		2				3		1
8		6				2		4
			7		3			
			8		4			
1		8				5		7

L-2-109 — Medium — Score: 390

	2		5		3		9	
8		4	1	7		3	6	2
	7		4		6		5	
5	9	3		6	8	2		1
	4		2		5		8	
6		2	9	1		7	3	5
	1		8		7		2	
2	6	8		4	1	5		9
	3		6		2		1	

L-2-110 — Medium — Score: 393

			4	9	6			
7	9		1		3	6	2	
			2	5	7			
4	5	3				1	9	2
9		8	5	2		7		3
1	2	7				5	8	6
			7	4	2			
2	7		8		5	9	3	
			3	1	9			

L-2-111 — Medium — Score: 393

9				8				2
7	4	6	9		5	1	3	8
				4		7		
		2	5		1	4		
	7	4		6		8	1	
		1	8		4	9		
			7		8			
2	6	7	1		3	5	8	4
4				5				1

L-2-112 — Medium — Score: 395

				2			9	8
	4	9	8		6		3	5
	6							
	1		5	6	9		2	4
			1		4			
5	3		7	2	8		1	
							4	
3	9		4			7	8	6
4	8		6					

L-2-113 — Medium — Score: 398

9		6	2		8	1		5
			9		1			
1		4				3		9
5		9	3		6	8		4
			5		4			
7		3	8		9	5		1
4		7				9		2
			4		7			
6		5	1		2	4		7

L-2-114 — Medium — Score: 398

1		5						
				2				
3	7	6						
			3	8	9	1	6	5
				4				8
			2		5	9		7
			8		4	5		1
			6					3
			5	1	3	2	8	6

55

L-2-115 — Medium — Score: 398

	2		9					
	8		1	7	3	9	6	
	7		4				3	
	9		5	6	7		2	
	3		2		1		4	
	5		3	4	9		1	
	1				2		5	
	4	3	8	1	5		7	
					4		9	

L-2-116 — Medium — Score: 400

	2		1		4		7	
			8		9			
5		8				1		4
8		2		1		4		7
	6			4			9	
1		9		6		8		3
4		5				2		9
				4		2		
	8			3		5		4

L-2-117 — Medium — Score: 403

			9	5	2			
6	1	8	7			4	9	2
			8	1	6			
9	7	2			8		1	4
4		6		2		5		9
3	5	1		7		2	6	8
			2	6	7			
2	4	7	3		1	8	5	6
			5	4	8			

L-2-118 — Medium — Score: 404

3						1	5	
1	7				5	8		
	9	6		7	1			
		9	2	8				
			9		3			
			5	6	9			
			4	1		7	8	
		3	7				2	5
	2	7						9

L-2-119 — Medium — Score: 404

5		3		6		2		4
		8				3		
6			3	7	1			8
			2		6			
	6		9		7		5	
3				1				6
2	9	6				4	8	7
		1	6		8	9		

L-2-120 — Medium — Score: 405

	9						4	
5				6				1
	4		3		7		8	
	2			8			3	
9		7				8		4
3		8				9		2
		5	7		9	4		
	6						5	
		9	2		6	1		

L-2-121 — Medium — Score: 406

9			8		2			4
6			9		3			7
1		2	7		5	8		9
3	9	5				4	7	6
				5				
4	1	6				2	5	8
7		4	1		8	3		5
8			5		7			2
5			6		4			1

L-2-122 — Medium — Score: 406

2	9	7		5		4	8	3
		3		9		5		
5	4			2			7	9
	7			4			9	
9			2	1	3			4
		4	9		5	8		
	3	8				9	5	
6	5						4	8
4				8				7

L-2-123 — Medium — Score: 407

			5	8		3	1	
			1			5		
9	8	2	5	1		4	3	6
7				2		3		4
			6	4		8	9	
3		9		7				5
2	6	3		4	9	7	5	8
		4				2		
		7	3		2	6		

L-2-124 — Medium — Score: 408

8				1				2
7	1		4	2	3		9	5
9		2				3		1
	8	5				4	2	
1		3				6		7
2	5		6	8	7		4	3
3				4				6

L-2-125 — Medium — Score: 408

			7	8	5			
				2				
		5	3		1	4		
4	2	8				5	3	7
	7	1				2	9	
8		9		3		1		4
1			6	4	2			9
				9				

L-2-126 — Medium — Score: 408

5					1			4
		8	3				5	2
				5		3		
				3				
7			4		1			2
			7	6	8			
	4		1		6		5	
2		6		7		8		9
1		9				6		7

L-2-127 — Medium — Score: 408

2								3
	5		1	8	3		4	
	2	6				1	9	
7		5		3		6		2
8			6		1			7
		8	7		4	3		
			2	1	8			
		2	3		6	9		

L-2-128 — Medium — Score: 409

6	2	1		3		7		
7		4				8		
2	8	9	5	4	1	6	7	
4					1			
5		2		7		9		
8					5	1		
1	9	6	3	2		4		
						2		

L-2-129 — Medium — Score: 409

3			6					5
8		4	2		1	7		6
		3		1			6	
1	4	5	3		6	9	8	2
		6		8		9		1
		7		8		6		
	8	3	6	4	7	1	5	
			1		3			

L-2-130 — Medium — Score: 414

	5	6		4				3
		3	2				5	1
		5	7		4	6		
			6	7	5			
7				1				2
			3	2	7			
		3	1		9	2		
	2	6					8	7
	9	4			8			5

L-2-131 — Medium — Score: 416

6			5		2			1
				1				
			6		3			
	1		2	5	7		3	
		3		6		5		
7	9			3			1	2
	8						5	
3	6			2			4	9
1		2		4		8		7

L-2-132 — Medium — Score: 417

			5		2		4	
8		9	4		7			
			8		1	9		6
		6		1		8		
		4		2		9		7
				6		3		2
1		6	9			4		
			7			5	2	1
		7	3			6		

L-2-133 — Medium — Score: 417

5			4		9			6
6			1	8	3			5
		6		4		5		
1				7				3
7	3		5		1		6	4
4			6	3	7			1
		1	2		4	6		
					1			

L-2-134 — Medium — Score: 418

			8	4	7			
7	8			2			1	3
		4	6		1	9		
			2		9			
	9	1				8	2	
8		7				5		9
		2	3	9	6	1		
				5				
6							3	

L-2-135 — Medium — Score: 419

	1		8		3		2	
3				9				1
	8	9				6	7	
		1	4		7	5		
6			9	1	5			7
			1		9			
		3		2		7		
	2		3	5	8		1	

L-2-136 — Medium — Score: 424

4	1	7	6	2	8	9	5	3
9								8
2			9	4	5			7
8	3	5	1		4	6	9	2
			5		9			
1	4	9	2		3	8	7	5
7			4	5	2			9
3								6
5	9	8	3	1	6	7	2	4

L-2-137 — Medium — Score: 425

				6	9			
2	8			5	4	1	7	
6							2	
				2	3		8	1
7	3		6		8		4	5
1	8		7	4				
7							6	
9	1	5	8			4	3	
				4	3			

L-2-138 — Medium — Score: 425

			4				8	
7	6	2		9			1	3
		8		1	3		6	
		8		6				5
	9	3	7		5	8	4	
5				4		7		
8	4		9	3			5	
		7		5		4	9	8
	5	9			4			

57

L-2-139 — Medium — Score: 427

		1	3			5	6	
			8		2			
4				1				2
8	2		5	3	4		6	9
		9	2			1	7	
1	6		9	8	7		3	4
6				7				3
			4			8		
		4	6			3	9	

L-2-140 — Medium — Score: 427

	3						6	
9	5	6	1		8	2	3	4
	2		4		3		1	
	9	4	7	5	6	8	2	
			9		4			
	8	7	3	1	2	6	4	
	6		8		5		7	
1	4	3	2		7	5	8	6
	7						9	

L-2-141 — Medium — Score: 427

	8						5	
		4		6		1		
	5	3	8		1	7	9	
				8				
	2		9	1	5		3	
			2		3			
7		1				8		5
	6						7	
	3	5		7		4	6	

L-2-142 — Medium — Score: 429

9	7		1		8		3	6
6		8	5		3	4		2
		5	6		7	1		
			2	7	5			
	5		9	3	4		2	
		9	8		6	3		
	4	2				7	9	
		3		5		2		

L-2-143 — Medium — Score: 431

4			6	8	9			3
			2		5			
				7				
9		2		5		3		4
1				4				2
			8		1			
	2	9				6	3	
		8		6		4		
	4	5		9		1	7	

L-2-144 — Medium — Score: 435

	2		8		7		9	
6	3		9		2		1	5
			5		3			
7	8	4	2		9	1	5	6
3	5	1	4		6	8	2	9
			3		1			
9	1		7		8		3	4
		7		6		4		8

L-2-145 — Medium — Score: 435

	5			8			1	
9	6	2		3		4	7	8
	3			9			6	
	1		8	7	4		2	
	8			6			3	
7	4	6		5		1	8	9
	9			2			5	
	2		3	1	9		4	
	7			4			9	

L-2-146 — Medium — Score: 435

	4		6		7		3	
6	9		1		8	2	4	7
			3				1	
1	3	5	2	9	6		7	
			5		3		9	
9	7		4	8	1	5	2	
	8				5			
2	6	9	8	3	4		5	1
	1						8	

L-2-147 — Medium — Score: 435

		9			3			5
	5			1			6	
	2			5			3	
7			1			2		
		4			9			8
		3			4			7
		8			7			4
	7			4			9	
9			5			7		

L-2-148 — Medium — Score: 436

		2		8				
4	1		9	7	5		2	6
	6			4			7	
	7	9		8		5	3	
				9				
	8	1		5		4	9	
	3			2			4	
5	2		4	3	6		8	9
		8		7				

L-2-149 — Medium — Score: 436

6	9	2				3	4	5
				4				
5	8	4				9	1	7
			2	9	5			
	5						3	
			8	7	3			
7	6	1				5	9	4
				1				
2	4	9				1	8	3

L-2-150 — Medium — Score: 439

5			6	3	2			9
			9	7	4			
4	7	9		5		3	6	2
			4		1		5	
2								4
7	8						2	6
1		7		2		9		8
	2		7	9	5		4	

L-2-151 — Medium — Score: 441

		7	3		1	5		
		2	7	8				
3				9				7
6	4		5	1	7		2	9
	2	9	8		3	7	1	
7	8		9	2	6		3	5
8				3				1
			1	5	2			
		6	7		9	3		

L-2-152 — Medium — Score: 442

			5				9	
	8	4	2		9	7	6	
	1		8		7		5	
7	9	5	1	6	2	8	3	4
			9				2	
	3	6	7		4	5	1	
	2		3		5		4	
9	6	1	4	2	8	3	7	5
			6				8	

L-2-153 — Medium — Score: 444

	7	9				6	4	
		8	5		6	3		
6			1	4	7			8
				2				
9	1	6	3		5	8	2	4
				1				
4			9	8	1			6
		2	4		3	1		
	6	1				4	8	

L-2-154 — Medium — Score: 446

		9		6				
	5		2				4	
1			5	8	4	2		
7		2				1		4
3				1		9		
6	8	1	4			3	5	2
			6		9			
	3		1				7	
2			7	4	3	8		

L-2-155 — Medium — Score: 446

	5			9				1
	6	4				3	9	
		5		7				
2	9		6		5		4	7
		8		9		4		5
3	4		2		8		6	9
		3			9			
	1	8				9	3	
	2			5				7

L-2-156 — Medium — Score: 446

		1	9	8	3	4		
8		3					9	6
					6			
		9	5	1	7	8		
5	1			2			3	7
			6		4			
9		2			4		1	5
					5			
	5	7				2	8	

L-2-157 — Medium — Score: 449

		6	4	9				
		5		1		8	7	
		8		3		9		
5	6						7	
9								
	4				8			
	2	6		5		3		4
3	8	9		2		7		5

L-2-158 — Medium — Score: 454

			9	3		2		
	3		8	7		4	9	
		4					3	6
9	1	5	3		2			
4	8			9			6	3
			5		8	1	2	9
6	2				4			
	9	1		8	3		7	
		4		5	9			

L-2-159 — Medium — Score: 455

					7			
	8	1	4	2	6	7	5	
	5				3		8	
	4		9	5	2		7	1
	7		6		4		2	
5	2		8	7	1		3	
	6		7				1	
	3	4	2	1	8	5	9	
			3					

L-2-160 — Medium — Score: 455

3				6				8
7			5	3	8			4
9		1	4		2	6		5
1	9	6	2	4	5	8	7	3
2	7	8	9	1	3	4	5	6
5		4	7		6	3		2
8			3	5	4			9
6				2				7

L-2-161 — Medium — Score: 456

	2						3	
8			1		9			5
		3	2		6	1		
	7	6				8	5	
	9	2		7		3	4	
	3	8				7	2	
		5	7		2	9		
2			3		5			7
	4						1	

L-2-162 — Medium — Score: 456

	2		6		5		7	
6		5		8		2		1
	8		2		7		3	
4		1				7		3
	3						8	
9		8				5		4
	1		7		6		4	
8		3		2		1		7
	9		8		1		5	

L-2-163 — Medium — Score: 458

```
5 . . | . . . | . . 6
1 . . | . 4 . | . . 3
. 2 . | . 9 . | . 7 .
------+-------+------
. 5 . | . 6 . | . 3 .
. 7 3 | 9 . 4 | 6 8 .
. . 6 | 5 . 3 | 1 . .
------+-------+------
4 . 5 | . 7 . | 2 . 8
7 8 . | . . . | . 1 4
. . . | . 8 . | . . .
```

L-2-164 — Medium — Score: 459

```
1 . . | 6 7 . | . . 8
. . . | . 9 1 | 3 . .
6 8 7 | . . . | 9 1 5
------+-------+------
. . . | 8 3 6 | . . .
5 . . | . 4 8 | . . 3
. . . | 1 2 5 | . . .
------+-------+------
7 9 2 | . . . | 1 4 6
. . . | 1 4 5 | . . .
4 . . | 7 2 . | . . 9
```

L-2-165 — Medium — Score: 460

```
. . . | 4 5 . | 9 1 .
6 . . | . . . | . . 7
. . . | . . 7 | . . .
------+-------+------
. . . | 9 . . | 7 . .
. 4 . | . . . | . 3 .
1 . 6 | 8 . 7 | 9 . 4
------+-------+------
4 5 . | 9 . 6 | . 2 3
. 8 . | . . . | . 1 .
3 6 . | . 8 . | . 7 9
```

L-2-166 — Medium — Score: 463

```
. . 9 | 3 2 . | . . .
7 2 3 | 8 . 4 | 1 5 9
. . 1 | 5 7 . | . . .
------+-------+------
8 7 9 | . . . | 3 2 4
4 . 2 | 3 7 8 | 5 . 1
5 3 1 | . . . | 8 6 7
------+-------+------
. . . | 6 2 5 | . . .
9 5 6 | 4 . 3 | 7 1 2
. . . | 7 9 1 | . . .
```

L-2-167 — Medium — Score: 465

```
. . 1 | . . . | 9 . .
. 5 7 | 9 4 . | 1 . .
6 . . | 2 . 5 | . . 8
------+-------+------
. 1 . | 3 . 9 | . 8 .
2 . . | 4 7 6 | . . 3
3 . . | . 2 . | . . 7
------+-------+------
1 6 . | 8 . . | 2 5 9
. . 3 | 9 . . | 1 8 .
. . . | . 3 . | . . .
```

L-2-168 — Medium — Score: 465

```
3 . . | 4 . 8 | . . 7
2 4 . | . . 3 | . 1 5
. . 8 | . . . | . 3 .
------+-------+------
. . . | . 6 8 | 2 . .
. 6 . | . . . | . 5 .
8 1 . | . 4 . | . 7 6
------+-------+------
1 . . | . 5 . | . . 3
. . . | . 1 6 | 9 . .
9 . 4 | 8 7 3 | 5 . 1
```

L-2-169 — Medium — Score: 466

```
. . . | . . . | . . .
9 . . | 8 1 6 | . . 7
. . . | 7 5 3 | . . .
------+-------+------
. 7 9 | 2 . 4 | 5 8 .
2 8 5 | 9 . 7 | 4 1 3
. . 6 | . 8 . | 9 . .
------+-------+------
. 1 . | . 7 . | . 4 .
. . 7 | 3 2 9 | 1 . .
. . . | . 1 . | 8 . .
```

L-2-170 — Medium — Score: 467

```
. . . | 3 5 8 | 2 6 .
8 . . | 1 . 6 | . . .
1 . . | . 9 7 | . . .
------+-------+------
3 4 2 | . 7 . | . 8 6
5 . 7 | 6 1 4 | 9 . 2
9 6 . | . 8 . | 5 4 7
------+-------+------
. . . | 7 6 . | . . 3
. . . | 5 . 2 | . . 9
. . 1 | 3 8 4 | 9 . .
```

L-2-171 — Medium — Score: 468

```
. 7 . | . 2 . | . 5 .
. 1 6 | . . . | 4 2 .
. . 3 | 7 . 9 | 6 . .
------+-------+------
. . . | 9 7 5 | . . .
6 . . | . 8 . | . . 3
. . . | 4 6 3 | . . .
------+-------+------
. . 1 | 3 . 6 | 8 . .
. 9 7 | . . . | 1 6 .
. 6 . | . 1 . | . 3 .
```

L-2-172 — Medium — Score: 468

```
. . 4 | . 5 . | . . .
2 5 . | . 1 . | . 6 9
3 . . | . 2 . | . . 8
------+-------+------
. . 9 | 7 3 2 | 5 . .
. 2 1 | . 8 . | 3 9 .
. . . | . . . | . . .
------+-------+------
6 . 7 | 8 . 4 | 9 . 1
. . . | . . . | . . .
. 8 . | . 7 . | . 4 .
```

L-2-173 — Medium — Score: 470

```
. . . | . . . | . . .
. 3 9 | 6 5 8 | 7 4 .
. 2 . | . . . | . . 8
------+-------+------
. 4 . | 9 6 2 | . 7 5
. . . | 5 . 4 | . . .
6 9 . | 1 3 7 | . 2 .
------+-------+------
8 . . | . . . | . . 3
. 5 6 | 2 4 3 | 9 1 .
. . . | . . . | . . .
```

L-2-174 — Medium — Score: 473

```
5 . . | . 4 . | . . 8
. 4 . | . . . | . 1 .
2 . 6 | . . . | 4 . 5
------+-------+------
1 5 . | 7 . 2 | . 4 6
7 9 3 | . 6 . | 1 8 2
6 2 . | 3 . 1 | . 5 9
------+-------+------
4 . 9 | . . . | 2 . 7
. 7 . | . . . | . 9 .
3 . . | . 7 . | . . 4
```

L-2-175 — Medium — Score: 474

				8		5		
5		9		4	3	6	7	1
				1		3		
8		6		9	4	7	2	3
4	2	5	3	6		8		9
	5		4					
7	3	4	8	1		5		2
	9		7					

L-2-176 — Medium — Score: 476

8	4		9	7	3	2	6	
7							3	
	6		2	8	7		1	
1	4	9	3	5	6	8	7	2
				1				
4	5	8		9		3	2	7
	6			4		1		
2	1		3			5		6

L-2-177 — Medium — Score: 476

		5				9		
9			4		2			3
			6		9			
	7	4		3			6	9
			1		8			
1	2			6			3	8
	9		5	2	7		6	
7			9	8	1			5

L-2-178 — Medium — Score: 478

		2				8		
4	9		3	7	5		6	
			4				5	
	7	5	1		6	9	4	
					8			
9	6	1	7	3	4		2	5
					2			
	4	7	6		3	1	9	
			9					

L-2-179 — Medium — Score: 480

3			4		5			9
	2		1		9		7	
		6	2		7	1		
8	6	4	5	7	3	2	9	1
			6	9	1			
1	5	9	8	4	2	3	6	7
		7	3		6	9		
	4		9		8		3	
9			7		4			8

L-2-180 — Medium — Score: 484

		7		9			1	
9				4	2			
			8	3				5
	2			7		4		
3	1	4	9	8	6	5	2	7
		9		5			8	
2				1	8			
			5	2				3
	4			6		8		

L-2-181 — Medium — Score: 485

				6				
	5	3	4		8		6	
	9		2		5		4	
	3	4	5		9		2	
			8		1			
	2		3		7	6	9	
	4		9		2		3	
	8		6		4	7	1	
			7					

L-2-182 — Medium — Score: 486

	4	1		7		8	5	
2	8			6			1	4
				4				
4	5		7	2	8		9	1
7				9				8
6				1				2
1			6	8	4			3
8			9	3	2			5

L-2-183 — Medium — Score: 486

		4	1		2	7		
		3	6		4	9		
1	3			9			8	7
	8			5			1	
	7						6	
8		6		4		1		5
5				6				3
			9	1	5			

L-2-184 — Medium — Score: 486

	7		5		2			
		1		8				
	1				8			
7			2					1
6								4
	5	3	6	4	9			
5	9			1			8	2
	4				1			
2		8	5	4	9	7		6

L-2-185 — Medium — Score: 488

	4							
8	5	7	4	1	2	3	6	
	1		6		9		7	
9	1	4		5	8	2		
	2					1		
	5	4	1		2	3	6	
	6		8		3		4	
4	3	2	5	6	7	9	8	
							5	

L-2-186 — Medium — Score: 489

	3		7		9		4	
	9		6	8	5		1	
	8						5	
1	4			6			8	2
				5				
	2	6		9			5	3
	4						9	
	5		2	7	4		8	
	6		9		8		7	

Sudoku — Medium

L-2-187 · Medium · Score: 494
```
3 9 . | . . . | . 5 7
1 . . | 8 . . | . . 9
. . . | 1 5 . | . . .
------+-------+------
. . . | 4 . 6 | 7 . .
. . 2 | 6 1 8 | 9 . .
. 6 3 | . 7 . | . . .
------+-------+------
. . . | 9 4 . | . . .
6 . . | . . 3 | . . 1
5 8 . | . . . | . 4 3
```

L-2-188 · Medium · Score: 496
```
6 . . | 1 5 8 | . . 7
. 9 . | 3 6 2 | . 5 .
. . . | . . . | . . .
------+-------+------
. 6 . | . 7 . | . 1 .
. . 7 | 6 8 5 | 2 . .
. 2 . | . 3 . | . 7 .
------+-------+------
. 4 . | . . . | . 2 .
9 . . | 4 . 3 | . . 6
. 7 . | . 1 . | . 9 .
```

L-2-189 · Medium · Score: 498
```
8 . . | 1 5 6 | . . 4
. . . | . 1 . | 9 . .
. 5 . | . 4 . | . 3 .
------+-------+------
. . . | . . . | . . .
. 9 . | 5 8 7 | . 1 .
. . 8 | . 1 . | 3 . .
------+-------+------
3 8 7 | . 2 . | 5 4 9
. . . | 8 . 4 | . . .
1 . . | 3 . 5 | . . 2
```

L-2-190 · Medium · Score: 499
```
. . . | . . 9 | . 3 .
9 6 7 | 8 . 5 | . 1 .
. . . | . 4 . | 5 . .
------+-------+------
2 9 3 | 5 . 8 | . 4 .
. . . | . . . | . . .
. 8 . | 4 . 3 | 9 7 5
------+-------+------
. 7 . | 6 . . | . . .
. 2 . | 9 . 1 | 7 8 3
. 4 . | 3 . . | . . .
```

L-2-191 · Medium · Score: 500
```
1 7 . | 3 . 5 | . 4 9
. 9 5 | 1 . 2 | 6 8 .
. 6 . | . . . | . 5 .
------+-------+------
. . . | . . . | . . .
. . 4 | . . . | . 2 .
8 . . | 4 . 9 | . . 5
------+-------+------
. . . | . . . | . . .
9 8 . | . 2 . | . 3 1
. 3 2 | . 1 . | 7 9 .
```

L-2-192 · Medium · Score: 504
```
. . . | . . 6 | 2 9 3
. 4 9 | 1 2 . | . . .
. 5 . | . . 7 | 8 1 .
------+-------+------
. 8 . | 2 6 . | . . 4
. 9 . | 4 . 5 | . . 3
. 3 . | 7 1 . | . . 6
------+-------+------
. 1 . | . . 2 | 6 7 .
. 6 3 | 9 7 . | . . .
. . . | . . 4 | 3 8 1
```

L-2-193 · Medium · Score: 504
```
. 8 . | . 9 . | . 2 .
9 3 1 | . 4 . | 8 6 5
. 4 . | 8 5 3 | . 7 .
------+-------+------
. 1 . | . 8 . | . 3 .
8 9 2 | . 1 . | 4 5 6
. 5 . | . 2 . | . 9 .
------+-------+------
. 2 . | 9 7 1 | . 4 .
1 6 9 | . 3 . | 2 8 7
. 7 . | . 6 . | . 1 .
```

L-2-194 · Medium · Score: 504
```
5 1 . | . 7 . | . 3 6
2 . 7 | . . . | 8 . 9
. . . | 3 1 8 | . . .
------+-------+------
6 9 . | . . . | . 5 7
. 5 . | 9 . 1 | . 6 .
. . . | . 5 . | . . .
------+-------+------
. . . | 1 . 3 | . . .
. . . | . 4 . | . . .
3 4 6 | . 9 . | 1 8 2
```

L-2-195 · Medium · Score: 505
```
. . . | 6 9 3 | . . .
. 6 . | 7 . 8 | . 5 .
. . . | 2 1 5 | . . .
------+-------+------
8 9 7 | . . . | 1 2 3
6 . 5 | . 8 . | 9 . 7
3 4 1 | . . . | 6 8 5
------+-------+------
. . . | 4 2 6 | . . .
. 3 . | 8 . 9 | . 6 .
. . . | 1 3 7 | . . .
```

L-2-196 · Medium · Score: 505
```
. 1 . | . 2 . | . 4 .
3 6 . | . . . | . 2 7
. . . | 9 . 7 | . . .
------+-------+------
. 9 . | 7 1 4 | . 8 .
. 5 . | . . . | . 3 .
. . 4 | . . . | 7 . .
------+-------+------
. . . | 1 . 2 | . . .
. 8 1 | . . . | 2 6 .
. 7 6 | . 5 . | 3 1 .
```

L-2-197 · Medium · Score: 506
```
. 1 . | . 2 . | . 9 .
9 . . | 1 6 3 | . . 5
. . . | 8 . . | 1 . .
------+-------+------
4 . . | . . . | . . 8
. . . | 9 5 8 | . . .
8 3 . | 2 7 4 | . 1 9
------+-------+------
. 4 . | . 8 . | . 3 .
. 8 6 | . 3 . | 9 7 .
. . 9 | . . . | 2 . .
```

L-2-198 · Medium · Score: 507
```
. . . | 6 3 4 | . . .
. . . | 9 . 5 | . . .
. . 2 | . . . | 5 . .
------+-------+------
1 . . | 8 4 7 | . . 3
. . 4 | . 1 . | 6 . .
. . 8 | 2 . 3 | 1 . .
------+-------+------
7 . 3 | . . . | 2 . 5
2 . . | . 7 . | . . 1
8 . . | . 5 . | . . 4
```

Sudoku Puzzles

L-2-199 — Medium — Score: 509
```
6 . . | . . . | 1 . .
. 4 . | . . . | 3 8 .
. . 8 | 2 . . | 5 4 .
------+-------+------
. . 6 | 4 . . | . . 8
. . . | 3 . . | . . .
5 . . | . . 9 | 4 . .
------+-------+------
. 9 7 | . . 4 | 6 . .
. 3 5 | . . . | . 9 .
. . . | 7 . . | . . 2
```

L-2-200 — Medium — Score: 509
```
. . 9 | 7 . 3 | 8 . .
. . . | . 8 . | . . .
. 6 . | 4 9 5 | . 2 .
------+-------+------
. . . | . 4 . | . . .
. 4 1 | . 3 . | 2 9 .
2 8 5 | . . . | 3 1 4
------+-------+------
9 . 8 | . 5 . | 4 . 1
. 3 . | . 6 . | . 5 .
. . . | . . . | . . .
```

L-2-201 — Medium — Score: 509
```
. . . | 2 3 1 | . . .
. . . | . . . | . . .
6 2 . | . . . | . 9 7
------+-------+------
. 7 8 | 5 2 3 | 6 1 .
. . . | . 6 . | . . .
3 . . | 9 . 4 | . . 8
------+-------+------
1 9 . | . . . | . 8 6
4 . . | 6 7 9 | . . 3
. . . | . 1 . | 5 . .
```

L-2-202 — Medium — Score: 515
```
. . . | . . . | 7 . .
. 1 2 | 7 4 8 | . 9 .
. 8 . | . . . | 4 3 .
------+-------+------
. 4 . | 2 7 6 | . 8 .
. 7 . | 9 . 1 | . 2 .
. 5 . | 4 8 3 | . 7 .
------+-------+------
. 6 5 | . . . | . 4 .
. 2 . | 1 3 5 | 8 6 .
. . 1 | 7 . . | . . .
```

L-2-203 — Medium — Score: 516
```
. 2 . | . 4 . | . 8 .
. 8 1 | 7 . 3 | 4 2 .
. . 9 | . . 7 | . . .
------+-------+------
. . . | 5 . 6 | . . .
. 5 . | . 2 . | . 3 .
. . 8 | . 7 . | 2 . .
------+-------+------
. . 3 | . 9 . | 5 . .
. 7 . | 4 8 5 | . 6 .
. 9 . | . 3 . | . 4 .
```

L-2-204 — Medium — Score: 516
```
. 9 . | 8 4 3 | . 6 .
. 4 1 | 7 . 2 | 5 3 .
. . . | 1 . 5 | . . .
------+-------+------
2 . . | . 1 . | . . 6
. . 9 | 4 3 7 | 2 . .
5 . . | . 2 . | . . 3
------+-------+------
. . 7 | . . . | 8 . .
. . . | 2 8 9 | . . .
8 . . | . . . | . . 1
```

L-2-205 — Medium — Score: 517
```
. . . | . . . | . . .
. 8 6 | 5 3 9 | 7 1 .
. 2 . | . . . | . 9 .
------+-------+------
. 9 . | 7 6 3 | . 8 .
. 4 . | 2 . 1 | . 5 .
. 7 . | 4 5 8 | . 6 .
------+-------+------
. 1 . | . . . | . 2 .
. 5 9 | 8 1 7 | 6 3 .
. . . | . . . | . . .
```

L-2-206 — Medium — Score: 517
```
4 8 . | . . . | . 7 6
. . 5 | . 7 . | 9 . .
7 . 2 | . . . | 5 . 8
------+-------+------
. . 8 | 6 . 5 | 3 . .
. . 4 | . 2 . | 1 . .
1 . . | 7 . 4 | . . 9
------+-------+------
5 . . | . 8 . | . . 1
8 . 9 | . . . | 4 . 5
. . 1 | . . . | 7 . .
```

L-2-207 — Medium — Score: 518
```
. . . | 5 . 3 | . . .
. 9 8 | . 1 . | 4 3 .
6 . . | . 4 . | . . 2
------+-------+------
8 5 . | . 7 . | . 1 3
. . 9 | . 3 . | 6 . .
1 . . | . . . | . . 8
------+-------+------
. . . | 1 2 4 | . . .
9 1 . | . 8 . | . 6 7
3 . . | . 6 . | . . 1
```

L-2-208 — Medium — Score: 518
```
. . . | . . . | . . .
1 . . | . . . | . . 4
6 5 . | 4 2 1 | . 8 3
------+-------+------
8 6 . | . . . | . 1 7
. 7 5 | . . . | 8 3 .
. . 3 | . 7 . | 2 . .
------+-------+------
. . . | 8 4 5 | . . .
. . 3 | . 7 . | . . .
. . 4 | 6 9 2 | 1 . .
```

L-2-209 — Medium — Score: 519
```
6 . 4 | . . 9 | . . .
. 1 . | . 6 . | . 8 .
. . 8 | . . 2 | . . 1
------+-------+------
7 . . | 5 . . | 2 . .
. 9 . | . 8 . | . 3 .
. . 1 | . . 3 | . . 8
------+-------+------
5 . . | 3 . . | 8 . .
. 6 . | . 2 . | . 9 .
. . 4 | . . 9 | . . 2
```

L-2-210 — Medium — Score: 519
```
1 . . | . . 5 | 6 . .
. 5 . | . 6 . | . 7 .
. . . | 4 3 . | . . 9
------+-------+------
. . . | 1 4 . | . . 5
. . 2 | . . 5 | . 9 .
9 . . | . . . | 1 3 .
------+-------+------
3 . . | . . 4 | 7 . .
. 4 . | . . 3 | . 2 .
. . 8 | 6 . . | . . 3
```

L-2-211 — Medium — Score: 520

			4	1	8			
	3			9			8	
		4		6		7		
5				3				2
8	7	3	1		6	9	4	5
4				7				6
		1		8		2		
	2			4			5	
			2	5	3			

L-2-212 — Medium — Score: 520

			1		4		7	
	8		6	2	5		3	
6	4						8	5
8		3				2		6
			3	8	6			
	7					1		
	9		7	3	8		4	
				9				
			5	6	4			

L-2-213 — Medium — Score: 521

2								8
			9	2	1			
		9		4		6		
		8	3	9	4	5		
3			2	5	6			4
6								3
		7		6		8		
	3	6	7			8	4	5
			4	3	9			

L-2-214 — Medium — Score: 523

6				7				9
				9				
		9	6	3	2	1		
8	2	7				5	4	6
	1		2	4	6		3	
4			8		7			2
5				8				3
	9		1	6	3		8	
3								1

L-2-215 — Medium — Score: 525

3	6		2	9	5		1	8
		7				2		
		5				9		
	4		9		8		2	
7				5				9
	2		7		1		6	
		1				4		
		2				8		
9	7		1	4	3		5	2

L-2-216 — Medium — Score: 526

2		5	4	7	9	1		3
					6			
4			1		8			2
3								6
7	6			4			1	8
			4			7		
6	7	2				4	3	1
				2				
			1			6		

L-2-217 — Medium — Score: 527

	8	9		6		2	3	
1								5
	2			9			6	
3				4				6
			8	2	1			
4				5				2
2	5	7	3	8	4	6	1	9
				1				
	6		2		9		5	

L-2-218 — Medium — Score: 527

3			9	8	1			5
1			3		5			4
				5				
9			7		2			1
5	7		1		8		6	2
6		1		3		4		9
	8			1			5	
4	3						1	8

L-2-219 — Medium — Score: 528

7		6				4		3
4								9
	8		4	6	2		1	
	7		1		9		4	
1			7		6			2
				2				
	4	7				1	5	
	6		9	4	5		7	

L-2-220 — Medium — Score: 529

	1	4	6		9	2	7	
5				7				1
			1	4	3			
			7		4			
1				2				8
7				6				4
3		8				1		2
	7		3	8	6		5	
				1				

L-2-221 — Medium — Score: 529

2		6				7		9
3			2		4			6
	5		9	8	6		3	
	2	1		6		4	7	
	9	3		2		1	8	
9				5				4
				4				
			2					

L-2-222 — Medium — Score: 532

					3			
9	3	6	8	4	1	2	5	7
4				7				1
		3				1		
	5		6	1	3		8	
			7		9			
3								4
	4	5		9		7	6	
2	9			6			1	8

L-2-223 — Medium — Score: 534

```
. 1 . | . 7 . | . 9 .
. 8 . | 2 . 6 | . 3 .
. . . | . 1 . | . . .
------+-------+------
9 . . | . 8 . | . . 4
. 2 8 | . 5 . | 3 1 .
. . 4 | 1 . 7 | 2 . .
------+-------+------
2 4 5 | . . . | 7 6 8
. 7 . | . 4 . | . 5 .
. . . | . . . | . . .
```

L-2-224 — Medium — Score: 535

```
. 1 . | 8 . . | 2 . 5
5 . . | 9 . 1 | . 4 .
. 7 . | 2 . . | 3 . 9
------+-------+------
1 . . | 3 . . | . . .
. 5 . | 7 4 8 | 1 2 3
2 . . | 6 . . | . . .
------+-------+------
. 4 . | 5 . . | 8 . 7
8 . . | 4 . 3 | . 5 .
. . . | 6 . 1 | . 4 2
```

L-2-225 — Medium — Score: 535

```
1 . 6 | . 7 . | 5 . 8
8 . 3 | . . . | 4 . 1
9 . . | 1 . 8 | . . 2
------+-------+------
3 . . | 2 8 5 | . . 9
. . . | . 9 . | . . .
4 . 5 | . . . | 8 . 7
------+-------+------
5 3 . | . . . | . 8 4
. . . | 1 . . | 9 . .
. . . | 3 . 6 | . . .
```

L-2-226 — Medium — Score: 536

```
. . 9 | 2 . . | . . .
. 4 . | 6 3 1 | . 9 .
. . . | . . 7 | . . .
------+-------+------
7 9 . | 3 . . | 2 8 4
8 1 . | . . . | . 5 2
. 2 5 | 7 . 8 | . 3 9
------+-------+------
. . . | 8 . . | . . .
. 3 . | 1 9 6 | . 8 .
. . . | . 4 5 | . . .
```

L-2-227 — Medium — Score: 538

```
6 . . | . 9 . | . . 3
. 8 . | 1 . 4 | . 7 .
. . . | . . . | . . .
------+-------+------
. 9 . | 8 1 6 | . 5 .
4 . . | 7 . 3 | . . 9
. 7 . | 4 5 9 | . 1 .
------+-------+------
. . . | . . . | . . .
. 1 . | 2 . 5 | . 9 .
2 . . | . 6 . | . . 8
```

L-2-228 — Medium — Score: 539

```
8 . 9 | 5 . 2 | 4 . 3
. . . | 3 . 8 | . 2 .
. . . | 6 . 9 | . 5 .
------+-------+------
. . . | . 3 . | . . .
. 5 . | 9 . 4 | . 8 .
3 . 7 | . 1 . | 6 . 2
------+-------+------
7 . . | 2 . 1 | . . 4
. 6 . | . 5 . | . 3 .
. . . | . . . | . . .
```

L-2-229 — Medium — Score: 543

```
. 7 6 | . . 4 | . . .
. . 9 | . . . | 3 . .
. . 8 | . . . | 1 7 .
------+-------+------
6 . . | 1 9 . | 5 4 3
5 9 . | 4 6 3 | . 2 1
1 4 3 | . 7 5 | . . 8
------+-------+------
. 6 2 | . . 7 | . . .
. . 5 | . . . | 4 . .
. . . | 5 . . | 6 3 .
```

L-2-230 — Medium — Score: 546

```
. 5 6 | 8 . 9 | 2 1 .
7 . . | . 5 . | . . 6
9 . 4 | 7 2 6 | 5 . 8
------+-------+------
. . . | . 3 . | . . .
4 6 . | . . . | . 5 9
. . 5 | . 6 . | 7 . .
------+-------+------
. 3 9 | . 7 . | 1 6 .
5 . 7 | . 9 . | 3 . 2
. . . | . . . | . . .
```

L-2-231 — Medium — Score: 547

```
. 6 . | . . . | . 4 .
. 8 . | 4 3 1 | . 6 .
. . . | . . . | . . .
------+-------+------
7 . 1 | 3 . 9 | 6 . 8
5 . . | . 8 . | . . 7
6 . . | . 2 . | . . 1
------+-------+------
. 1 . | . 4 . | . 7 .
. . 4 | 9 . 2 | 3 . .
2 . 6 | . . . | 5 . 4
```

L-2-232 — Medium — Score: 547

```
. . 5 | . 2 . | 7 . .
. 2 . | . 8 . | . 3 .
. . . | 3 . 6 | . . .
------+-------+------
. 1 . | 6 5 2 | . 9 .
5 . 2 | . 7 . | 6 . 8
. . . | . . . | . . .
------+-------+------
. . . | 7 3 5 | . . .
3 6 . | 9 4 1 | . 2 5
4 . . | 2 6 8 | . . 9
```

L-2-233 — Medium — Score: 548

```
8 2 . | . . 4 | 5 . .
5 . . | 3 . 6 | . . 8
. . 3 | 9 . . | . 7 4
------+-------+------
. . . | . . . | . . .
7 5 . | . . 2 | 3 . .
1 . . | 5 . 8 | . . 7
------+-------+------
. . 4 | 1 . . | . 8 9
. . . | . . . | . . .
9 8 . | . . . | 7 6 .
```

L-2-234 — Medium — Score: 548

```
. . . | 7 9 5 | . . .
. . . | . 8 . | . . .
5 . 1 | 3 . . | 6 8 7
------+-------+------
. . . | 4 1 7 | 8 2 .
. . . | 7 2 . | . 4 9
1 . 2 | 6 . . | 9 7 4
------+-------+------
. . . | . 6 . | . . .
. 3 . | . . . | . 8 .
9 . 6 | . . . | . 3 1
```

Sudoku — Medium

L-2-235 (Score: 549)
```
. . . | . 7 . | . . .
. 5 9 | . 2 . | 3 6 .
. 8 . | . 9 . | . 1 .
------+-------+------
4 2 . | 3 . 1 | . 9 7
. . . | . 8 . | . . .
6 3 . | 2 . 9 | . 8 1
------+-------+------
. 6 . | . 1 . | . 5 .
. 9 3 | . 4 . | 8 7 .
. . . | . 3 . | . . .
```

L-2-236 (Score: 551)
```
. . . | . . . | . . .
5 6 9 | . 4 2 | 8 . .
7 . . | 5 . . | 2 . 1
------+-------+------
3 1 6 | 2 5 4 | 9 . .
. . . | 4 8 7 | . . .
2 4 1 | 3 9 7 | 6 . .
------+-------+------
4 . . | 2 . . | 3 . 5
8 2 7 | . 6 9 | 3 . .
. . . | . . . | . . .
```

L-2-237 (Score: 554)
```
. 4 3 | . . . | 9 5 .
. . . | 5 8 3 | . . .
5 . . | . 4 . | . . 7
------+-------+------
4 5 . | . . . | . 7 1
6 7 . | . . . | . 2 9
. . . | 1 . 9 | . . .
------+-------+------
. 3 . | . 1 . | . 4 .
. . 5 | 7 . 4 | 6 . .
7 . . | . . . | . . 2
```

L-2-238 (Score: 554)
```
3 . . | 4 9 8 | . . 1
2 4 . | 3 . . | . 7 9
. 8 6 | 7 . . | 3 5 .
------+-------+------
. . . | 6 . . | . . .
5 1 . | 4 . . | . 9 3
. . 9 | 2 1 . | . . .
------+-------+------
. . 3 | 8 . 7 | . . .
. 7 . | 3 . 4 | . 2 .
. . . | 1 . . | . . .
```

L-2-239 (Score: 555)
```
. . . | . . . | . . .
8 4 2 | 6 9 7 | 3 . .
5 . . | 3 . . | 4 . .
------+-------+------
3 . . | 5 . . | 6 . .
1 9 4 | 7 6 2 | 8 . .
4 . . | 9 . . | 7 . .
------+-------+------
7 . . | 4 . . | 5 . .
9 5 1 | 8 7 3 | 2 . .
. . . | . . . | . . .
```

L-2-240 (Score: 556)
```
. . . | 2 . . | 4 . .
. . . | 4 8 2 | 5 9 .
. 7 . | . . 9 | . . 8
------+-------+------
. . . | 3 . 1 | . 8 .
2 . 7 | 5 8 4 | 6 . 9
. . 8 | 9 7 3 | 1 . .
------+-------+------
. 3 5 | . . . | 7 9 .
. . . | . 5 . | . . .
8 . . | . . . | . . 1
```

L-2-241 (Score: 556)
```
. . . | 5 2 3 | . . .
. 1 . | . 4 . | . 3 .
. 5 3 | . . . | 9 4 .
------+-------+------
5 6 . | . . . | . 1 9
. 3 9 | . 7 . | 5 2 .
8 . . | . . . | . . 3
------+-------+------
. . 1 | 7 3 9 | 8 . .
. . 4 | . 6 . | . . .
6 . . | . . . | . . 4
```

L-2-242 (Score: 557)
```
. 5 1 | 2 3 7 | 9 8 .
. . . | . 4 . | . . .
2 . . | . . . | . . 1
------+-------+------
. . 2 | 3 9 4 | 8 . .
4 . . | 1 . 8 | . . 7
. 1 . | 7 2 6 | . 4 .
------+-------+------
. . . | . 6 . | . . .
5 4 . | . 1 . | . 9 3
1 . 8 | . 7 . | 4 . 2
```

L-2-243 (Score: 559)
```
1 7 . | . . . | . 9 5
3 . . | . . . | . . 4
. . . | 8 9 . | 2 1 .
------+-------+------
. . . | 2 . 4 | . 6 .
. . . | 1 5 3 | . . .
. . . | 4 . 2 | . 3 .
------+-------+------
. . 1 | 8 . 5 | 7 . .
2 . . | . . . | . . 3
7 8 . | . . . | . 4 1
```

L-2-244 (Score: 559)
```
. . 5 | . 6 . | 3 . .
. . 9 | 5 7 . | . . .
2 . . | . 4 . | . . 9
------+-------+------
. . . | 4 7 5 | . . .
9 . . | . 8 . | . . 7
. . 4 | 2 9 3 | 1 . .
------+-------+------
4 3 . | . . . | . 9 8
1 . 9 | 8 2 4 | 7 . 3
5 . . | . 3 . | . . 1
```

L-2-245 (Score: 559)
```
. . . | . . . | . . .
. . . | 1 . 4 | . 7 .
9 . 2 | . . . | 1 . 3
------+-------+------
. . . | 4 . 8 | . 3 .
. . . | 8 . 1 | . 6 .
. 1 6 | 9 3 7 | 2 8 .
------+-------+------
. . 9 | 6 . . | 8 4 .
. 6 7 | . . . | 8 1 .
. . 3 | 4 9 1 | 5 . .
```

L-2-246 (Score: 560)
```
7 . . | . 8 . | . . 2
. 3 . | 9 4 2 | . 7 .
. 2 . | . 6 . | . 1 .
------+-------+------
3 1 . | . 2 . | . 5 4
8 . 6 | . . . | 7 . 1
. . . | . 1 . | . . .
------+-------+------
1 . . | . 7 . | . . 6
9 . . | . . . | . . 3
. 4 . | 1 9 6 | . 8 .
```

66

Sudoku Puzzles

L-2-247 — Medium — Score: 562
```
. 3 5 . . . 9 6 .
. . . . . . . . .
9 . . 6 4 8 . . 3
8 . . . 2 . . . 5
. 9 1 4 . 3 8 7 .
. . . 8 . 6 . . .
2 . 9 5 . 4 1 . 7
. . . 2 9 1 . . .
1 . 8 . . . 2 . 9
```

L-2-248 — Medium — Score: 565
```
. . 9 . . 6 . . 8
7 . . 3 . . 4 . .
. . 3 . . 9 . . 2
. . 2 . . 5 . . 7
5 . . 8 . . 9 . .
. . 6 . . 2 . . 4
. . 8 . . 1 . . 6
4 . . 9 . . 1 . .
. . 1 . . . 4 . 3
```

L-2-249 — Medium — Score: 567
```
. 4 6 . . . 5 2 .
8 . . 4 . 5 . . 1
. 7 . . . . . 4 .
6 9 . . . 5 . 1 3
. . . 8 . 1 . . .
5 . . . 2 . . . 9
. 8 1 5 . 3 4 6 .
2 . . . 4 . . . 7
```

L-2-250 — Medium — Score: 567
```
3 . . . 9 . . . 4
. . 1 . . . 7 . .
6 9 . 3 . 7 . 2 1
5 1 . 8 3 2 . 4 7
. . . . 7 . . . .
. 6 . 1 5 4 . 3 .
9 . . . 8 . . . 6
. 4 . . 1 . . 5 .
. . 3 4 . 5 9 . .
```

L-2-251 — Medium — Score: 573
```
. . . 6 . . . 9 .
6 3 7 . . 5 2 8 1
. 8 . 4 . . . . 5
5 . . . . . 1 . 2
. 1 . . 6 . . 4 .
4 . 2 . . . . . 7
. 7 . . . 6 . 3 .
9 8 3 7 . . 6 2 5
. 2 . . . . 9 . .
```

L-2-252 — Medium — Score: 574
```
. 3 . . . . . 5 .
1 6 . . . 9 . 4 3
. . 8 1 . 5 9 . .
. 7 . . 4 . . 8 .
. . . . . 6 . . .
5 1 3 . 7 . 6 2 4
. 2 . . . . . 7 .
. . 9 4 . . 2 8 .
. . . . 5 . . . .
```

L-2-253 — Medium — Score: 575
```
. . . 4 3 1 . . .
. 3 . . 8 . . 7 .
5 . . . . . . . 4
3 . . . 4 . . . 1
. . 8 3 5 9 4 . .
2 . . . 7 . . . 8
. . 3 5 . 2 8 . .
. 2 1 . . . 6 5 .
. . 7 . . . 9 . .
```

L-2-254 — Medium — Score: 576
```
. . . 8 4 9 . . .
7 3 2 . . 5 1 8 .
. 3 . 4 . . 7 . 5
. 6 . . . . . . 2
5 . . . 8 . . . 4
7 . 1 . 2 . 9 . 3
3 . 2 9 7 6 8 . 5
```

L-2-255 — Medium — Score: 576
```
6 9 4 7 . 2 3 1 5
. . . 8 4 5 3 9 .
3 . . . 7 . . . 1
5 . . . . . . . 4
. . 8 1 . . . 5 7
. 5 . . . . . . 8
. . . . . 1 . . .
. 7 9 . . 6 . 1 4
```

L-2-256 — Medium — Score: 576
```
. . . 1 2 9 . . .
1 . . . 6 . . . 3
. . 4 . 3 . 5 . .
. . . 2 . 6 . . .
. 7 3 . . . 9 6 .
2 . . . . . . . 5
7 . . 3 9 2 . . 8
. 5 9 . 8 . 2 3 .
8 . . 6 5 7 . . 9
```

L-2-257 — Medium — Score: 576
```
. . 1 . 8 . 5 . .
4 . . . 6 . . . 1
. . 7 . . . 3 . .
. 6 . 3 . 7 . 1 .
5 . . 8 4 1 . . 6
9 . 8 . . . 4 . 7
. . . . 3 . . . .
. 4 . 6 1 9 . 2 .
. 8 . . 7 . . 5 .
```

L-2-258 — Medium — Score: 576
```
. . . . 7 . 2 . .
1 . 4 . 6 . 2 . 3
5 . 9 3 . 4 8 . 7
. 9 7 2 . 6 3 1 .
. 3 . 5 . . 6 . .
. . . . . . . . .
. . 6 8 3 7 1 . .
. . . 6 . 1 . . .
. . . 4 . . . . .
```

L-2-259 — Medium — Score: 579

		8	5					2
	6			9			4	
7					1	5		
		9	6					3
	4			3			5	
5					2	9		
		6	1					5
	9			7			3	
1					9	8		

L-2-260 — Medium — Score: 585

	1			2			7	
5		8	9		7	6		4
	3			4			5	
	5			7			2	
2		7	1		5	8		6
	8			6			1	
	9			5			8	
4		1	3		2	5		9
	6			9			4	

L-2-261 — Medium — Score: 593

	6		9	8	2		5	
	3			7			6	
	8	1		5		2	7	
		9		4		3		
8		4		2		6		5
		6		1		9		
	1	2		3		5	9	
	9			6			8	
	4		1	9	5		3	

L-2-262 — Medium — Score: 594

2			8			9		
4	3	8	7	1	9	5	6	2
1			4			7		
		2			3			1
5	7	6	2	4	1	8	3	9
		3			8			5
	5			9			4	
3	2	4	5	8	6	1	9	7
	8			2			5	

L-2-263 — Medium — Score: 594

6								1
	5	9	7		1	4	2	
		2		3		5		
	1	6		9		8	5	
	7						9	
5			2	7	3			9
	2		6		9		8	
		1		4		3		

L-2-264 — Medium — Score: 596

	8	3				6	2	
	4		6		2		3	
		6		3		5		
			1		9			
		2		5		8		
1		4				6		7
3	9						2	5

L-2-265 — Medium — Score: 596

	5						1	
1		6	7		2	5		9
	9					6		
	6			5			8	
			3	4	7			
	4			1			7	
	7						2	
5		8	4		6	7		1
	1						3	

L-2-266 — Medium — Score: 598

3			5	2	4			7
	5		9		7		2	
			1	3	6			
1			8		2			6
		5		7		4		
	1	3				9	7	
	9			5			6	
6	8						3	1

L-2-267 — Medium — Score: 600

							9	6
2	1					5		3
8		3				2		
	8			7				
			6		3			
				1			2	
		9				6		8
2		5					4	7
6	4							

L-2-268 — Medium — Score: 603

			1		8			
			3	7	4			
7	8			6			3	1
	9						5	
4		1				3		7
		3				9		
2				8				3
8				5				9
3	4			6			7	8

L-2-269 — Medium — Score: 603

9		5	2	3	7	6		4
2	6						1	7
			9		6			
		1	6	9	2	4		
		2	1		8	5		
4				2				3
5			7	4	9			6

L-2-270 — Medium — Score: 604

2			3	7	9			5
6		7		5		2		3
	5						7	
3		5		8		4		2
				1				
8			7		2			6
5	8			9			2	1
	2		1	4	5		6	
		6		2		9		

L-2-271 — Medium — Score: 604

		3	9			7	5	
9			5		3			7
	4	7		8		3	9	
1		9	2	7	5	8		3
			3	9	4			
			6		8			
	3						1	
2	8					3	9	

L-2-272 — Medium — Score: 605

5	7					6	4	
3	6					8	2	
		4			1			3
			5	3				
			2	4				
		3			7			8
7	4					2	3	
8	1					5	9	
		6			5			7

L-2-273 — Medium — Score: 606

		5		6		3		
2	4		7				6	9
	6			1			7	
		8	6		7	5		
	2			5			1	
5	9		8		1		3	7
				9				
	7		5		2		8	
			1		6			

L-2-274 — Medium — Score: 607

	4					9		
7			9	4	1			8
			3	6	2			
		8		2		7		
	2			1			6	
		5		8				
3			2		6			1
	1	2				9	5	
	8	5				3	7	

L-2-275 — Medium — Score: 607

2	4		3	5	8		7	1
	3			1			9	
5		1	6	9	2	3		4
	6			7			4	
		5	1		6	7		
	9			3			5	
	7	9			5	8		
3								7
	8			6			1	

L-2-276 — Medium — Score: 607

9	3						4	7
7			9	5	4			8
			4			6		
				7				
				6				
3	5	7		8		9	6	1
				9				
8	2			1			7	4
		1		8		7		5

L-2-277 — Medium — Score: 607

	3					2		
5	4						1	9
	6		3		9		8	
			4		1			
			7	5	2			
				9				
		9		2		8		
	1	5	6		7	4	9	
	8	4				6	5	

L-2-278 — Medium — Score: 607

	1	4		2		6	9	
	3		8		5		1	
		5		7		4		
3				5				7
4	8			1			2	6
	4		2	9	7		5	
		3				2		
			1		4			

L-2-279 — Medium — Score: 608

8	7	6				9	4	5
1				4				2
				9	7	6		
4	8	5				2	9	3
				5		4		
	9						1	
2			3		9			1
				1				
			3		5	4		

L-2-280 — Medium — Score: 612

	4						9	
		6	1		7	5		
1			5	9	2			4
	9						8	
		2	6		1	7		
3			2	7	9			1
	7						1	
		3	4		6	9		
8			7	2	5			6

L-2-281 — Medium — Score: 613

	2		3		8		4	
		9				1		
	3	5		4		2	1	
		8		1		5		
4				7				6
		5	3	2				
3			6	8	1			2
	6		7	9	4		5	

L-2-282 — Medium — Score: 614

			9		4			
8				7				4
		4		2		7		
		1		4		2		
		7		3		5		
	2	3	1	5	7	6	9	
5			4	1	6			2
			2		3			
		8	7		5	3		

69

L-2-283 — Medium — Score: 616

```
. . 6 | 9 7 3 | 5 . .
. . . | . . . | . . .
2 . 3 | 5 6 8 | 4 . 7
------+-------+------
. . 1 | . 2 . | 3 . .
. . . | . 9 . | . . .
. 6 . | . 3 . | . 4 .
------+-------+------
. . 9 | . . . | 6 . .
6 3 . | . . . | . 7 2
. 5 . | 7 4 6 | . 3 .
```

L-2-284 — Medium — Score: 617

```
4 . . | . . . | 2 3 .
. 8 . | . 4 . | . 6 .
. . 6 | 3 . . | . . 5
------+-------+------
6 . . | . 7 4 | . . .
. 4 . | . 1 . | . 2 .
. . 9 | 4 . . | . . 8
------+-------+------
2 . . | . . 6 | 1 . .
. 3 . | . 7 . | . 5 .
. . 8 | 2 . . | . . 9
```

L-2-285 — Medium — Score: 617

```
8 . . | . 4 . | . . .
. 5 . | . . 3 | 9 . 6
. . . | 9 . 5 | . . .
------+-------+------
7 . 6 | 8 . . | . 4 .
. . . | . 9 . | . . 5
. 9 . | . . . | 7 . 8
------+-------+------
. . 4 | 6 . 1 | 5 . .
3 . 2 | . . . | . 8 .
1 . . | . 3 . | . . .
```

L-2-286 — Medium — Score: 617

```
. 5 2 | . 8 . | 1 3 .
. . 3 | . 1 . | 6 . .
4 . . | 6 . 3 | . . 7
------+-------+------
7 . . | 1 5 6 | . . 8
. 6 . | . 3 . | . 1 .
. . . | . . . | . . .
------+-------+------
. 8 . | 3 9 1 | . 7 .
. 3 . | . . . | . 9 .
. . . | 5 . 7 | . . .
```

L-2-287 — Medium — Score: 619

```
. . . | 4 7 5 | . . .
. . . | . . . | . . .
8 . 4 | . . . | 9 . 5
------+-------+------
. . 7 | 9 . 2 | 3 . .
. . . | . . . | . . .
2 . . | . . . | . . 7
------+-------+------
. 2 . | 7 5 1 | . 9 .
3 5 . | 8 6 9 | . 7 4
7 . 9 | . 2 . | 5 . 6
```

L-2-288 — Medium — Score: 619

```
. . 3 | 8 . 4 | . 6 1
. . . | 1 . . | . 4 .
7 . 4 | . . . | . 8 3
------+-------+------
5 . 9 | 8 2 3 | 1 . 6
. . . | . 4 9 | 6 . .
. . . | . 1 . | 5 . .
------+-------+------
. . . | . 5 . | 1 . .
. . . | . . 6 | . . .
1 2 . | . . . | . 3 9
```

L-2-289 — Medium — Score: 623

```
6 3 2 | 7 . . | . . .
5 . . | 8 . . | . . .
9 . . | 2 . 4 | 7 3 5
------+-------+------
2 7 5 | 9 . 1 | . . .
8 . . | . 2 . | . . .
4 . . | . 7 1 | 8 2 .
------+-------+------
3 . . | . . . | . . 6
. . . | . . . | . . 4
. . . | . 3 9 | 1 8 .
```

L-2-290 — Medium — Score: 624

```
. . 3 | . 9 . | 8 . .
. 8 4 | . . . | 7 5 .
5 2 . | . 8 . | . 4 6
------+-------+------
. . . | 4 7 5 | . . .
1 . 8 | 6 . 2 | 5 . 7
. . . | 8 1 9 | . . .
------+-------+------
7 9 . | . 2 . | . 8 4
. 3 2 | . . . | 1 7 .
. . 6 | . 5 . | 2 . .
```

L-2-291 — Medium — Score: 624

```
. . . | 5 3 6 | . . .
. 6 . | . . . | . 3 .
7 9 . | . . . | . 8 6
------+-------+------
. 4 2 | . 6 . | . 9 1
. . 1 | 2 5 9 | 6 . .
. . . | 1 8 4 | . . .
------+-------+------
. 2 . | . . . | . 5 .
. . 4 | . 7 . | 1 . .
8 3 . | . . . | . 9 2
```

L-2-292 — Medium — Score: 625

```
1 4 5 | . . . | 2 6 7
. . 3 | 2 . 6 | 9 . .
. . 2 | . . . | 8 . .
------+-------+------
. . . | 4 . 2 | . . .
2 9 . | 5 . 7 | . 8 3
. . 6 | 1 . 8 | 7 . .
------+-------+------
. . 7 | 9 . 3 | 1 . .
. . . | . . . | . . .
. 2 . | . 7 . | . 5 .
```

L-2-293 — Medium — Score: 626

```
2 . 8 | . 6 . | 4 . 1
. . . | . . . | . . .
4 1 7 | . 5 . | 8 9 6
------+-------+------
. . 9 | . . . | 1 . .
5 . . | . . . | . . 2
7 . . | 8 . 4 | . . 9
------+-------+------
. . . | 4 . 3 | . . .
3 4 . | . . . | . 5 8
. . . | 2 9 5 | . . .
```

L-2-294 — Medium — Score: 626

```
. 2 . | . 5 . | . 7 .
. . . | 7 2 8 | . . .
. . . | . 4 . | 1 . .
------+-------+------
. 4 . | . 3 . | . 6 .
6 1 . | 2 . 4 | . 9 3
. 3 8 | . . . | 1 4 .
------+-------+------
7 6 . | . 1 . | . 2 4
. . . | . . . | . . .
4 . 5 | . . . | 9 . 1
```

L-2-295 — Medium — Score: 626
```
9 8 . | . 6 . | 3 2 .
. . 1 | 8 2 9 | 6 . .
. . . | . 9 . | . . .
. . . | 6 8 1 | . . .
4 . 6 | 5 . 7 | 1 . 2
. 5 . | . . . | . 6 .
. . . | . 1 . | . . .
. . . | . . . | . . .
9 6 . | 3 . 2 | . 7 1
```

L-2-296 — Medium — Score: 627
```
. . . | . . . | . . .
. 7 2 | 4 8 6 | 5 9 .
. . 9 | . 7 . | 8 . .
. . . | 8 3 5 | . . .
3 . 1 | . . . | 7 . 5
. . . | 7 9 1 | . . .
. . 7 | . 1 . | 2 . .
. 2 . | 9 . 3 | . 1 .
6 1 . | . . . | . 3 8
```

L-2-297 — Medium — Score: 635
```
5 3 . | . . . | . 1 6
. . . | . 6 . | . . .
9 7 . | 8 5 1 | . 2 4
3 6 9 | . . . | 7 4 8
. . . | 4 8 3 | . . .
. . . | . 9 . | . . .
. . 4 | . . . | 2 . .
2 . . | 7 4 6 | . . 1
7 . . | . 2 . | . . 9
```

L-2-298 — Medium — Score: 636
```
. 9 . | . 5 . | . 4 .
. 3 . | . 2 . | . 5 .
. . 2 | . . 3 | . . 8
. . 6 | . . 5 | . . 2
9 . . | 2 . . | 7 . .
7 . . | 1 . . | 8 . .
. 5 . | . 1 . | . 2 .
. 8 . | . 7 . | . 3 .
. . 1 | . . 4 | . . 9
```

L-2-299 — Medium — Score: 636
```
. . . | . 8 . | . . .
4 6 . | 1 . 7 | 8 . .
. . . | 4 9 3 | . . .
. . 5 | 9 2 8 | 6 . .
8 9 . | 1 3 6 | . 2 5
. . . | . . . | . . .
8 . . | . . . | 5 . .
7 . 9 | 8 . 4 | 3 . 2
5 2 . | 7 . . | 8 9 .
```

L-2-300 — Medium — Score: 637
```
1 . . | 5 . . | . . 9
. 6 . | 2 . 9 | . 3 .
. . 8 | . . . | 6 . .
. 1 . | 3 6 7 | . 2 .
6 . . | 8 1 4 | . . 7
. 8 . | 5 9 2 | . 6 .
. . 1 | . . . | 8 . .
. 5 . | 6 . 1 | . 9 .
2 . . | . . 3 | . . 4
```

L-2-301 — Medium — Score: 637
```
. 1 . | 5 4 3 | . 6 .
. . 7 | . 2 . | 3 . .
. . 5 | . 6 . | 1 . .
. 4 . | . 3 . | . 8 .
. . 3 | 9 . 1 | 7 . .
. 7 1 | . 9 . | 6 2 .
. . . | . . . | . . .
8 . . | 5 . . | . 1 .
3 . . | 7 . . | . 5 .
```

L-2-302 — Medium — Score: 638
```
. . . | 7 8 3 | . . .
. 2 . | 4 1 6 | . 5 .
. 4 3 | . . . | 8 1 .
. . 7 | . . . | 9 . .
4 5 1 | . . . | 6 8 7
. . 6 | . . 4 | . . .
5 . . | . 2 . | . . 9
. . 9 | . 1 . | . . .
. . 6 | . . . | 3 . .
```

L-2-303 — Medium — Score: 639
```
. . . | 4 . . | 2 . .
. . 2 | 3 9 4 | 5 . .
. . 1 | . 2 . | 9 . .
. . . | . 1 . | . . .
. . 8 | . 6 . | 1 . .
7 . . | 5 8 2 | . . 6
. . . | 6 7 8 | . . .
. 5 . | . 4 . | . 9 .
1 . 7 | . 3 . | 6 8 .
```

L-2-304 — Medium — Score: 642
```
. . . | 5 1 7 | . . .
. 8 . | . 6 . | . . 1
. 1 3 | . . . | 5 7 .
. . . | 9 8 5 | . . .
. 3 . | . 4 . | . 8 .
. 7 9 | . . . | 4 5 .
. . . | 8 9 2 | . . .
. 5 . | . 7 . | . . 3
. 9 2 | . . . | 1 4 .
```

L-2-305 — Medium — Score: 643
```
1 . . | . . . | . . 8
7 . 5 | 6 3 8 | 1 . 9
. . 3 | . . . | 7 . .
. 3 . | . 7 . | . 2 .
. 9 . | 3 . 1 | . 6 .
. 4 . | . 5 . | . 7 .
. . 6 | . . . | 4 . .
3 . 2 | 1 9 4 | 6 . 7
8 . . | . . . | . . 5
```

L-2-306 — Medium — Score: 643
```
. 1 . | . . . | . 8 .
. 4 . | . . . | . 3 .
5 8 . | 9 2 1 | . 4 7
7 . . | 6 . 2 | . . 3
4 . 6 | . 7 . | 8 . 5
3 . . | 5 . 9 | . . 1
. . . | 2 5 7 | . . .
1 . . | . . . | . . 8
. 3 . | . . . | . 7 .
```

71

L-2-307 — Medium — Score: 644

4								5
	2						3	
		9	2	6	8	4		
		8	7		5	2		
		4		1		9		
		6	9		3	5		
		5	6	3	1	7		
	4						9	
1								6

L-2-308 — Medium — Score: 644

				5				
			3		1			
9	6			2			1	4
	4	6		8		5	9	
	3		9		6		7	
8	5			3			4	7
	1			7			2	
7		3				8		5

L-2-309 — Medium — Score: 647

		8		1		2		
	3			7				9
6	7		8		9		3	4
			3	8	2			
	8	5		9		4	6	
	2						8	
9				2				7
	6	3					9	2

L-2-310 — Medium — Score: 654

	6						1	
	8		5		3		9	
	5	3	2		7	8	4	
			6	3	1			
7		6		4		1		3
				7				
	4		3		6		7	
		2		8		9		
		5				6		

L-2-311 — Medium — Score: 655

	4	2				3	1	
			1		4			
	7			2			9	
	6			7			3	
3				1				5
5		7	3	6	8	4		1
		9				8		
7								3
	1		5		3		7	

L-2-312 — Medium — Score: 657

8	5	3				6	4	1
			4		1		9	
7				8				5
9	8		1		4		2	7
			6	7	8			
				9				
	1			4			8	
	4		9	3	5		1	

L-2-313 — Medium — Score: 659

	9				1			
	6		8	3		4		
		2				7		8
9	3		5				4	
			7		3	9		1
1				8				6
8		3	2		6			
	5				9		8	3
2		9			6			

L-2-314 — Medium — Score: 660

5				2				9
			6	7	5			
		6		4		8		
	4			8			6	
2				1				7
	5	7	3		2	1	9	
		9	1		4	3		
			7		8			
3				9				1

L-2-315 — Medium — Score: 662

			7	4	8			
3				9				5
		1	6		3	2		
4	2	7				9	8	6
	1			6			4	
	8						1	
		9	2		5	6		
3	5					1	2	

L-2-316 — Medium — Score: 665

8	4		3	6	9		1	2
		9				6		
		6		4		5		
				9				
	7						2	
6	8			2			5	9
5	6						7	4
		4		6				
	3		7		5		6	

L-2-317 — Medium — Score: 665

		7	5	2	1	6		
				8				
1			9		7			5
6								3
		3		5		4		
	8			6			9	
2			8		3			9
3		6				5		4
	7	9				3	1	

L-2-318 — Medium — Score: 666

	1	5			2		6	7
	6	8			7		9	1
					1			
		4		6		7		
			7		9			
3	7			4			9	1
		7				1		
	4		6	3	1		5	
5	2			9			6	8

L-2-319 — Medium — Score: 668

		2	9	6	5	3		
9								1
	4						7	
4				8				5
6	2			9			8	3
	9	8		5			7	1
	5				1			9
		4				8		
			2	4	6			

L-2-320 — Medium — Score: 672

	7						1	
2			1	6	9			3
6								5
7		6				8		2
5	2		4	8	6		3	1
			9		2			
8				5				9
		3				6		
4			3		7			8

L-2-321 — Medium — Score: 674

	1	5		7			3	8
		8	1		3	2		
		2				6		
				2				
8		3		5		9		1
	5		9		6		3	
9	7	1				4	6	3
	8			4			9	

L-2-322 — Medium — Score: 674

	5	7				1	3	
8			1		5			4
		9			8			
5	3			4			6	8
			8		2			
		8				7		
4				9				2
	9	2	3		4	6	8	
				5				

L-2-323 — Medium — Score: 674

	4		8		7		9	
7								1
8			1	2	5			6
		8		3		9		
4								2
9			4	5	6			3
		7		9		6		
			5		2			
3		5				2		9

L-2-324 — Medium — Score: 675

7				1				3
1	9			2			5	6
					8			
		3	5	9	4	6		
		7	8			6	9	
9		4		7		8		5
8	4						1	7
6			1		2			8

L-2-325 — Medium — Score: 677

	8	3						5
		1	8				6	4
			7	4		9	8	
				8	5	7		
			6			7		
		6	4	9				
	9	2		3	8			
8	6				4	5		
1					8	9		

L-2-326 — Medium — Score: 677

	3						1	
7	4		2		1		3	6
				7				
1		6				2		3
	7	5		3		6	8	
				9				
8	6						9	4
5			3		9			7
			6		4			

L-2-327 — Medium — Score: 678

1								7
8	9	6		2		4	3	5
				9		4		
			8			7		
			2	6		9	5	
4	6				1		8	9
				2	9	1		
			9		4		6	
		4					5	

L-2-328 — Medium — Score: 679

7			9					5
	4		2			8		
		2	5		7			
	9					3		
8								6
			7	6	5			
3								1
	5	1	6	3	9	4	7	
9		7		8		3		2

L-2-329 — Medium — Score: 684

	2			7			5	
		4		6		9		
			1	9	8			
		3				8		
5			9		6			1
		1		5			9	
		8		4		3		
	5		3	8	1		2	
3	4						6	8

L-2-330 — Medium — Score: 689

6	1		9	7	5		8	3
		7	5				9	4
8			2	3	4	6	7	
			8		2	6		
7	3				1		2	9
				8	3	2		
2		1		5			3	4

73

L-2-331 — Medium — Score: 695

```
3 5 . | . 2 . | . 7 4
. . 6 | . 4 . | 3 . .
1 . . | . 8 . | . . 2
------+-------+------
4 . 3 | 8 . 2 | 1 . 5
8 . . | 7 5 4 | . . 9
. . . | 3 1 6 | . . .
------+-------+------
. . . | . 3 . | . . .
. . 5 | 4 . . | 1 9 .
2 8 . | . . . | . 1 3
```

L-2-332 — Medium — Score: 695

```
9 6 8 | . . . | 5 3 2
. . . | . . . | . . .
. . 2 | 3 8 9 | 1 . .
------+-------+------
. . 4 | 2 . 8 | 9 . .
7 . . | 4 3 1 | . . 5
. . . | . 7 . | . . .
------+-------+------
. 8 . | . . . | . 9 .
5 . 7 | . . . | 2 . 6
. . 6 | . 2 . | 4 . .
```

L-2-333 — Medium — Score: 697

```
. 7 . | . 8 . | . 6 .
3 . . | . 6 . | . . 1
. . . | 3 4 5 | . . .
------+-------+------
. . 3 | . . . | 6 . .
4 6 2 | . 7 . | 3 1 9
. . 7 | . . . | 4 . .
------+-------+------
. . . | 6 5 1 | . . .
8 . . | . 9 . | . . 5
. 5 . | . 2 . | . 3 .
```

L-2-334 — Medium — Score: 701

```
9 6 . | . 4 . | . 7 8
8 4 7 | . . . | 6 2 5
. 5 1 | 7 . 8 | 4 3 .
------+-------+------
. . 2 | . . 9 | . . .
6 . . | . 5 . | . . 2
. . 4 | . . 7 | . . .
------+-------+------
. 2 8 | 9 . 6 | 5 1 .
7 1 6 | . . . | 3 9 4
3 9 . | . 7 . | . 8 6
```

L-2-335 — Medium — Score: 701

```
. . 8 | . 1 . | 7 . .
. . . | . 4 . | . . .
5 . . | . . . | . . 2
------+-------+------
1 3 . | 2 6 9 | . 8 4
. 9 5 | 3 . 7 | 2 6 .
8 6 . | 4 5 1 | . 3 7
------+-------+------
3 . . | . . . | . . 8
. . . | . 2 . | . . .
. . 1 | . 7 . | 6 . .
```

L-2-336 — Medium — Score: 712

```
4 7 . | 5 . 1 | . 8 9
. 2 . | 4 . 7 | . 1 .
. 3 . | 6 . 8 | . 7 .
------+-------+------
9 . . | . 1 . | . . 4
. . 8 | . . . | 7 . .
. . 4 | . 5 . | 1 . .
------+-------+------
. 4 . | 3 . 5 | . 6 .
7 . 3 | . 4 . | 2 . 1
```

L-2-337 — Medium — Score: 714

```
4 3 . | . . . | . 6 5
9 . . | . 8 . | . . 7
. 6 7 | . . . | 3 2 .
------+-------+------
3 1 . | . . . | . 4 2
2 . . | 8 . 4 | . . 6
. . . | . 3 . | . . .
------+-------+------
7 9 . | 3 4 5 | . 8 1
. . . | . 7 . | . . .
. 4 . | . 2 . | . 9 .
```

L-2-338 — Medium — Score: 715

```
. . . | . 5 . | . . .
. . 4 | 2 7 6 | 1 . .
8 . . | . 4 . | . . 7
------+-------+------
. . 7 | 5 6 3 | 2 . .
. . 6 | 7 9 4 | 8 . .
3 . . | . 1 . | . . 9
------+-------+------
. . 3 | . 2 . | 5 . .
7 . . | . . . | . . 6
2 . . | 4 . 5 | . . 3
```

L-2-339 — Medium — Score: 716

```
. 1 4 | . . . | . . .
. 7 . | 5 . . | . 9 2
. . 8 | . . . | 6 . 3
------+-------+------
. . . | . 8 . | . 7 .
. . . | 6 . 4 | . . .
. 8 . | . 7 . | . . .
------+-------+------
4 . 3 | . . . | 1 . .
7 9 . | . . 2 | . 4 .
. . . | . . . | 2 5 .
```

L-2-340 — Medium — Score: 717

```
. . 9 | . . . | 6 . .
. 4 . | 7 . 6 | . 2 .
. 7 . | 1 . 5 | . 3 .
------+-------+------
4 . 7 | . . 2 | . . 8
. . 1 | 2 . 7 | 5 . .
5 . . | 6 . 9 | . . 3
------+-------+------
. 1 . | . . . | 9 . .
3 . . | . 7 . | . . 2
. . 8 | 3 . 1 | 4 . .
```

L-2-341 — Medium — Score: 726

```
. 9 . | . . . | 6 . 3
. 4 . | 7 . . | . . 8
. . . | 9 . 2 | . . .
------+-------+------
1 . . | . . 4 | . 5 .
8 . 7 | . . . | . . 9
. . . | 9 . 6 | . . .
------+-------+------
. . . | . 5 . | 8 . .
6 . . | . . . | 1 . 9
. 1 . | 4 . . | . . 2
```

L-2-342 — Medium — Score: 729

```
. 1 9 | . . . | . 2 5
. . . | . 7 . | 9 . .
. 8 . | . 1 3 | 5 . 6
------+-------+------
. 4 . | . . . | . 9 .
. . . | 4 7 3 | . . .
1 6 . | . 5 . | . 3 4
------+-------+------
2 . . | . 9 . | . . 1
. . . | . 6 . | . . .
. . 4 | 5 1 8 | 6 . .
```

L-2-343 — Medium — Score: 735

		1			7			8
	7			2			3	
4			1			5		
8			9			4		
	2			1			8	
		5			8			7
		6			1			3
	3			4			1	
5			7			6		

L-2-344 — Medium — Score: 738

		1			2			5
	8			4			6	
7			5			8		
		7			5			4
	6			7			8	
2			6			1		
		9			3			8
	4			8			7	
1			9			3		

L-2-345 — Medium — Score: 766

	2	7					4	6
				3				
			1	7		6	8	
4		3	1		9	6		7
	9			8			4	
			2	7	4			
	5			6		2		
2	6						1	9
			4		1		3	

L-2-346 — Medium — Score: 774

4			1	9	7			8
9				6				1
7	2		5	4	8		9	6
			6		2			
3	4			1			6	7
		9		7		8		
			7	2	4			
		6				9		
5	3						1	2

L-2-347 — Medium — Score: 817

4			7			6		
	8			4			5	
		2			9			3
		5			3			9
	3			9			1	
2			4			7		
6			5			3		
	5			3			7	
		7			1			2

L-2-348 — Medium — Score: 845

	2	7		8			6	9
				2		6		
8			5	7	9			1
	9						8	
	5		4		3		2	
		1				5		
2				5				9
7	9	3			1	4	5	

L-3-1 — Hard — Score: 1000

1		6						5
			6	9			2	1
	5			4		6		
			2				9	
		2	4		1	8		
	8			5				
		4		1			3	
8	2			3	7			
3					2			8

L-3-2 — Hard — Score: 1000

3			8		4			7
				5				
7	2						5	8
5			1		6			2
				3				
1		7	4		2	5		6
6	3			9			1	4
8								3
		4		1		6		

L-3-3 — Hard — Score: 1005

				9		1		
2	1			7			6	5
	8			4			9	
			2	1	5			
9	2						7	3
3								9
		5		9		6		
		7				1		

L-3-4 — Hard — Score: 1005

		8	2	4	6			
9			3					4
1						7	3	
	9		5		7		4	
				2				
	1		4		9		5	
	2	1						3
4					2			8
			6	1	4	2		

L-3-5 — Hard — Score: 1006

	5					4		7
			2	9	3			5
					4			
3				2		6	7	
7								1
	4	8		5				9
			9					
4			3	1	6			
2		6					8	

L-3-6 — Hard — Score: 1006

	3		8				6	
5	4	8						
9				3		4		
	2	5		7	8	1	9	
	9						4	
	8	4	9	6		2	3	
		9		8				1
						6	7	4
	1				2		5	

L-3-7 — Hard — Score: 1006

	4				6	9		3
		5			3	4		
		3		4			5	
	9				1			5
	1	2				8	6	
5			4				1	
	3			8		5		
		8	9			6		
6		9	7				8	

L-3-8 — Hard — Score: 1006

1				2			6	
5			9			2	3	
								5
9			6		5			
8	3		4		2		5	7
			8		3			9
2								
	5	1				9		8
	8				4			2

L-3-9 — Hard — Score: 1006

	2	3	5	1			7	
	8		9				6	3
	4			2				5
			3	6	7	4		
8			2	4	5			6
		4	1	8	9			
4				9			3	
3		8				1		6
	9			3	2	7	4	

L-3-10 — Hard — Score: 1008

		2	6					7
1	9							3
			3			2		
	7			8	1	4		
	1					8		
		3	4	6		9		
	8			7				
5							6	2
4					3	1		

L-3-11 — Hard — Score: 1008

			3	5				7
2								8
	7	9			4			
9				5	7	8		
		8	4	7	3	9		
	3	5	8					6
			7			6	1	
2						7		
3				9	1			

L-3-12 — Hard — Score: 1010

						2		
	4				3		1	
	5		7		4	9		3
1		3		5			9	
				3		8		
	8			2		3		7
5		8	9		2		6	
	2		8				3	
		4						

L-3-13 — Hard — Score: 1014

	2	3	4	8				
5				2		7		
	8	3			1	4		
3	7	9						
	5					2		
					3	6	9	
	7	8			9	5		
	3		2					7
			4	5	7	2		

L-3-14 — Hard — Score: 1014

		8						
4	7	3	8					
3					5			
	9	2	7				5	
8		3	2		9	1		6
7				5	9	3		
	5					6		
			9	6	3	4		
				2				

L-3-15 — Hard — Score: 1016

				9				
	9			8	7		5	
6		8		4				3
8		7	3		2			
	4	5					7	9
		2			8	4		6
7				1		3		9
	3		2	7			8	
					9			

L-3-16 — Hard — Score: 1017

		6	1	5	4	8		
	8		7		9		5	
1			3		8			6
	1	8				3	7	
	6						1	
			2	3	5			
	5	9		8		7	3	
			9		7			

L-3-17 — Hard — Score: 1017

5	8			9				7
6		9	8					
4	7				3	8		
	5			6		7		
9				3				6
	6		5			8		
	5	7				4	2	
				1	5		9	
3				4			1	8

L-3-18 — Hard — Score: 1018

				3			7	6
	9			8	4		1	
	3	8				9		
			8					4
9	2						8	7
8				5				
	9					7	6	
	8		7	9			3	
3	1			5				

L-3-19 — Hard — Score: 1018

1	2	3	4	5	6	7	8	9
	8			9			3	
			1		4			
6		9		3		5		1
	1			5			4	
				2				
5	9		4		6		7	3
	6	3	5	4	2	7	1	
		5		8		6		

L-3-20 — Hard — Score: 1019

1	2	3	4	5	6	7	8	9
			2					
1	2				3			
3		7					2	9
		3			4		6	
8		2	6		9	7		5
	4		7			1		
2	9					5		4
			3				8	6
					6			

L-3-21 — Hard — Score: 1029

1	2	3	4	5	6	7	8	9
6		8			2		9	4
		5			4	7		
							6	
1				2	7			9
	8		5	4	1		7	
5			9	6				1
	5							
		6	2			4		
9	4		3				6	8

L-3-22 — Hard — Score: 1023

1	2	3	4	5	6	7	8	9
					2	4		
6	5		4					
			7	5			8	6
8	4					5	3	
			8					
	2	3					9	7
2	1		9	5				
					4		1	9
		4	7					

L-3-23 — Hard — Score: 1025

1	2	3	4	5	6	7	8	9
3	8					7		9
9			4		3			5
			7		9			
	3	8		2		6	5	
		7	6		1	9		
			3					
2	5			4			9	7
		3				5		
	6						2	

L-3-24 — Hard — Score: 1025

1	2	3	4	5	6	7	8	9
	3			8		5	6	
							2	9
	5		1	4		7		
1			4			6	8	
	6		2		8		4	
	8	4			7			2
		2		3	5		7	
5	7							
	9	8		7			5	

L-3-25 — Hard — Score: 1026

1	2	3	4	5	6	7	8	9
9	6				7	4		
			4	8				9
		3	5					
	9	7	8			2	1	
3								7
		6	7			5	3	9
					8	9		
2				9	4			
		9	6				1	4

L-3-26 — Hard — Score: 1027

1	2	3	4	5	6	7	8	9
8	5					1		2
	2			3	6	4	5	
		1		7	5		4	
3	4					7	1	
6			3	1		5		
	1	5	9	8			7	
6		8					9	5

L-3-27 — Hard — Score: 1028

1	2	3	4	5	6	7	8	9
						9		
2	1	7		4				3
6	9						4	
			9			3	6	
			3	8		5	4	
			2	7			3	
	2						9	5
9				8		7	6	4
			9					

L-3-28 — Hard — Score: 1029

1	2	3	4	5	6	7	8	9
		9	6		3	8		
2				5				4
	5		8		4		1	
		1	5		6	3		
		4	3	8	7	6		
1								7
7	4	5				1	2	3

L-3-29 — Hard — Score: 1036

1	2	3	4	5	6	7	8	9
		4						
	3			5	1			7
		1					3	4
1		6	2	4				
	8		7		9		6	
				6	5	3		1
7	6					2		
2			5	7			1	
						9		

L-3-30 — Hard — Score: 1036

1	2	3	4	5	6	7	8	9
			2	7	3	6		
3		1		9				8
				8				
5	6		9			7		
		2	5	3	8	9		
		8			4		2	5
				5				
4				1		8		3
		6	3	4	7			

L-3-31 — Hard — Score: 1036

9	1			7			8	2
				2				
				6				
6		9		3				7
		6	5	7				
5			1		2			6
		7		9		3		
3	6			1			4	5
		4	5	3	6	1		

L-3-32 — Hard — Score: 1036

			7	6		8		
2					1			9
7	6		9					
		1	5		8		7	
	2					9		
	9		1		7	6		
				4		3	2	
4		6						7
	7		3	1				

L-3-33 — Hard — Score: 1037

	1		8		9	7		3
7					1		9	2
			3		6			
	9							7
		8		9		5		
2							4	
			2		8			
8	2		1					5
6		4	9		7		8	

L-3-34 — Hard — Score: 1037

8						9		
	4		1		2	7		3
		6		9		5		1
5			9	3		2		
				4				
		3		2	8			7
1		8		7		9		
3		4	2		9		7	
	5							4

L-3-35 — Hard — Score: 1038

	2		8		1			9
			7		3		4	
8	1	3						
		8						
5			1	3	9			7
					5			
						7	6	2
	6		2			4		
2			5		6		1	

L-3-36 — Hard — Score: 1038

5	6		7	8	2		4	3
				5				
			1	6	4			
4			9		1			7
	2			7			1	
	7	8				4	9	
7				9				4
			3	2		7	8	
				8	1	6		

L-3-37 — Hard — Score: 1042

7	1				3	8		
4				3	7			
		3		9				
3		1			6	9		
	5		9		4		3	
	9	7			2			1
			3		9			
		2	5					8
	4	6				7	3	

L-3-38 — Hard — Score: 1043

			1	6				
	7	4	2			3	1	
2			1	5		8		9
9		3				6		
	1					7		2
1		9		4	2			3
	5	7			6	9	2	
					9	6		

L-3-39 — Hard — Score: 1043

				5	7		8	6
								1
					4	9		7
		4	8			2		9
	1			4			5	
6		3			5	4		
9		1	6					
2								
	4	7			2	1		

L-3-40 — Hard — Score: 1045

		3					4	
9	4		8					
6	1	2	9					
		9			3			6
4			6		9			2
3			1		5			
				6	4	7	8	
					7		2	9
	6				3			

L-3-41 — Hard — Score: 1045

3				4				9
			9		5			
	2			6			7	
	9	5		2		7	1	
4	3					9	8	
6	1		5		8		4	3
	4			3			8	
				1				
	8		6		2		3	

L-3-42 — Hard — Score: 1045

		3				2		
9	7						6	1
1				6				8
7			3		8			5
				1		9		
5		1					8	9
6			5		7			4
				2		6		
			8	1	4			

L-3-43 — Hard — Score: 1046

	8				9		2	1
	2		1			8		
1		3					6	4
			7			9		
		8		5				
	9			3				
9	1				4			2
		6			8		1	
2	4		9				7	

L-3-44 — Hard — Score: 1046

	2						9	
			9	2	1			
	8						3	
			5					
	5	2		9		7	8	
8	9			1			4	2
		7	3		5	8		
		1	6	7				
	4		2	8	9		7	

L-3-45 — Hard — Score: 1047

	8	5	4		9	2	6	
	9	4		2		5	7	
				8				
	6	7				4	8	
			1		7			
2	3						4	5
		9		6		8		
		6		5		7		

L-3-46 — Hard — Score: 1047

5		1		3		8		7
			1		8			
2				5				1
	7		6		3		4	
	6	9		2		3	7	
9			8	7	5			4
		7				5		
	8						9	

L-3-47 — Hard — Score: 1048

	2	9	8	1			4	
1								3
	4				3		2	
		5			6		8	
	1		8	6	9		7	
8		5			2			
	9		1				8	
4								5
	5		4	9	8	2		

L-3-48 — Hard — Score: 1048

2	5				9			3
	4	6					8	
	3		4		6		1	
			9			2		
7				6				1
		3				1		
	7		6		9		2	
	9					3	4	
8				5			9	7

L-3-49 — Hard — Score: 1048

	8		5					1
	3			2	9			
		6			1			9
6	9		2				7	3
	2					5		
5	7				6		9	4
3			1		4			
			7	9			6	
2					3		1	

L-3-50 — Hard — Score: 1049

		1		4	8			
9		3						8
					3	7		1
		2	3	1				
	5	7				1	2	
				2	7	4		
8		4	6					
3					5		4	
			4	3		9		

L-3-51 — Hard — Score: 1049

					6		1	4
1		7						5
	6	3			5			7
3					4		9	
			3	9	2			
	2		8					3
7			4			6	5	
2						4		8
5	4			8				

L-3-52 — Hard — Score: 1054

		6	9		1			7
7			8				9	
	4		7			8	1	
		8			7			4
4			5			9		
	1	3			5		6	
	5				6			8
2			1		9	7		

L-3-53 — Hard — Score: 1055

		2						1
			8	7	3		2	
	3		2	1				
	9	6						5
	1	4	7		2	6	8	
3						4	9	
			2	9			4	
	5		1	3	7			
7					3			

L-3-54 — Hard — Score: 1055

9	4			2				
	6					4		2
		2					9	1
		5			3		1	
4			1		5			3
	3		9			7		
2	1					6		
8		4					2	
				8			3	9

79

Sudoku — Page 80 (Hard)

L-3-55 — Hard — Score: 1055

```
5 . 4 | . . 2 | . . .
9 . . | 2 . 3 | . . .
3 . . | . 5 . | . 9 .
------+-------+------
. . . | 7 . . | . 6 .
7 . 6 | . 2 . | 4 . 3
. 9 . | . . 4 | . . .
------+-------+------
. 5 . | . 4 . | . . 2
. . . | 9 . 2 | . . 5
. . 8 | . . 1 | . . 9
```

L-3-56 — Hard — Score: 1056

```
7 . . | . 1 . | . . 9
9 . 4 | 6 8 . | . . .
. . 3 | . . . | 8 . 6
------+-------+------
. . 5 | . . 1 | . 8 7
. . . | . . . | . . .
6 4 . | 7 . . | 1 . .
------+-------+------
2 . 1 | . . . | 4 . .
. . . | . 2 5 | 7 . 1
8 . . | . 4 . | . . 5
```

L-3-57 — Hard — Score: 1056

```
4 7 . | . . . | . 2 8
. . 8 | . 6 . | 2 . 9
. . . | 3 . . | 6 . .
------+-------+------
8 . . | . 2 . | . . 5
. 6 5 | . . . | 8 4 .
. . . | . 7 . | . . .
------+-------+------
. . . | . 9 . | . . .
. 5 2 | . 8 . | 1 6 .
1 4 . | . . . | . 8 3
```

L-3-58 — Hard — Score: 1057

```
4 . 3 | 2 5 . | . . .
1 2 . | . . 9 | . 5 6
. . 3 | . . . | . . .
------+-------+------
. 4 . | . 3 . | . . 9
. . 6 | 4 1 . | . . .
7 . . | 9 . . | 4 . .
------+-------+------
. . . | . . 5 | . . .
5 9 . | 8 . . | . 1 3
. . . | 6 3 2 | . 5 .
```

L-3-59 — Hard — Score: 1059

```
. . . | 9 5 . | . 8 .
. 9 . | . 4 . | . . 3
5 6 . | 8 . . | . 9 2
------+-------+------
. . 8 | . . . | 5 . .
9 . . | . 8 . | . . 7
. 2 . | . . 8 | . . .
------+-------+------
6 8 . | . . 5 | . 1 9
3 . . | 2 . . | 4 . .
. 4 . | . 3 9 | . . .
```

L-3-60 — Hard — Score: 1064

```
. . . | 1 . 8 | . 9 .
. . . | 6 . . | 7 . 2
9 . . | . . . | 1 . .
------+-------+------
3 . . | . . 9 | . 6 .
5 . . | . . . | . . 8
. 9 . | 4 . . | . . 7
------+-------+------
. . . | 5 . . | . . 4
1 . . | 8 . . | 7 . .
. 5 . | . . 2 | . 3 .
```

L-3-61 — Hard — Score: 1065

```
6 . . | . 3 . | . . 1
. . 2 | . 8 . | 4 . .
4 8 . | . . . | . 5 9
------+-------+------
. 6 . | 2 4 3 | . 7 .
. 7 4 | . . . | 5 2 .
. . . | . 9 . | . . .
------+-------+------
. . . | 6 . 1 | . . .
. . . | . . . | . . .
8 . 9 | . . . | 7 . 6
```

L-3-62 — Hard — Score: 1065

```
. . . | 1 . . | 9 . .
. 6 . | 5 . 9 | 1 . .
. 2 . | . 7 . | . 6 .
------+-------+------
. 8 1 | . . . | . . 7
6 7 . | . . . | 1 3 .
5 . . | . . . | 6 8 .
------+-------+------
. 1 . | . 8 . | . 5 .
. . 8 | 4 . 1 | . 9 .
. . 7 | . . 5 | . . .
```

L-3-63 — Hard — Score: 1066

```
7 9 3 | . . 2 | . . .
6 2 . | 5 7 . | . 4 .
. 8 5 | . . . | . . .
------+-------+------
. . . | . . 4 | 8 . 3
. . 4 | . 6 . | 5 . .
3 . 9 | 7 . . | . . .
------+-------+------
. . . | . . . | 7 3 .
. 3 . | . 1 7 | . 8 9
. . . | 2 . . | 1 5 6
```

L-3-64 — Hard — Score: 1066

```
. . . | . . . | 8 7 6
5 . . | 6 . 1 | . . 8
. . 7 | . . 6 | . 2 .
------+-------+------
. . . | . 9 . | . . 1
2 4 1 | . . . | 9 3 6
. 6 . | . . 3 | . . .
------+-------+------
. 3 . | 7 . . | 6 . .
6 . . | . 8 . | 4 . 2
. 7 4 | 2 . . | . . .
```

L-3-65 — Hard — Score: 1066

```
5 6 8 | 7 . . | . . .
. 3 . | . . 9 | . . 1
. . 1 | . 6 . | . . .
------+-------+------
8 5 . | . . . | 2 . .
. . . | 3 7 2 | . . .
. . 2 | . . . | . 9 6
------+-------+------
. . . | 5 . 6 | . . .
1 . . | 8 . . | . 4 .
. . . | . . 4 | 1 3 2
```

L-3-66 — Hard — Score: 1067

```
8 . . | . . 7 | . . 5
. . . | . . . | 2 9 6
. . 4 | . . . | 1 . 7
------+-------+------
. . 5 | 3 6 . | . 8 .
. . . | . 8 . | . 5 .
. . 7 | . . . | 4 6 9
------+-------+------
. 2 . | 1 . . | . 5 .
1 . 9 | 7 . . | . . .
5 . . | . . 6 | . . 9
```

80

L-3-67 — Hard — Score: 1067

```
7 . . | 4 1 8 | . . 2
. 3 . | . . . | . 5 .
. 4 . | . 3 . | . 8 .
------+-------+------
. . . | 3 8 7 | . . .
. . . | . . . | . . .
6 . . | 2 . 9 | . . 7
------+-------+------
1 . . | . . . | . . 5
. 5 . | . . . | 4 . .
3 . 9 | . 5 . | 2 . 8
```

L-3-68 — Hard — Score: 1068

```
. 6 . | . . 1 | 8 3 .
7 5 4 | . . . | 9 . .
. . . | . . . | . 2 .
------+-------+------
. 8 . | 6 . 9 | 4 . .
. . . | . 1 . | . . .
. 9 8 | . 2 . | 7 . .
------+-------+------
9 . . | . . . | . . .
. 7 . | . . . | 3 9 8
2 6 3 | . . . | 5 . .
```

L-3-69 — Hard — Score: 1069

```
1 . . | 6 . 9 | . . 3
. . 9 | 5 . 4 | 7 . .
. . . | . 3 . | . . .
------+-------+------
. 1 . | . 9 . | . 6 .
2 . 4 | . . . | 8 . 9
. 7 6 | 8 . 5 | 1 3 .
------+-------+------
. 9 7 | . . . | 2 4 .
. . . | . 1 . | . . .
. 2 . | . . . | . 9 .
```

L-3-70 — Hard — Score: 1071

```
. . . | 6 . . | . . .
4 . 7 | . 3 . | 6 . 1
1 . . | . . . | . . 5
------+-------+------
. 9 . | . . . | 8 . .
. . 6 | . 9 . | 2 . .
5 . . | 3 . 2 | . . 6
------+-------+------
. . . | 4 . . | . . .
6 3 . | 5 . 1 | . 9 8
. 4 . | . . . | . 1 .
```

L-3-71 — Hard — Score: 1075

```
. 4 . | . . . | 3 . .
. 2 1 | . 3 8 | . . .
8 . 9 | . . . | . . 7
------+-------+------
. 9 . | 6 8 . | 5 . .
4 . . | . 2 . | . . 8
. . 8 | . 9 7 | . 6 .
------+-------+------
3 . . | . . . | 8 . 6
. . . | 3 6 . | 9 1 .
. . 2 | . . . | . 3 .
```

L-3-72 — Hard — Score: 1076

```
. 5 . | 1 . . | . 3 .
6 . . | . 2 3 | 4 . 1
. . . | . 8 4 | . . .
------+-------+------
1 4 . | 7 . . | 8 . .
5 . . | . 3 . | . . 7
. . 8 | . . 9 | . 2 5
------+-------+------
. . . | 2 4 . | . . .
8 . 9 | 3 7 . | . . 4
. 2 . | . . 8 | . 1 .
```

L-3-73 — Hard — Score: 1076

```
. 1 4 | . . 5 | . . 9
2 . . | . 7 6 | . . .
. 6 . | 5 . . | . 4 .
------+-------+------
. 2 . | . 5 1 | 4 . .
. . 3 | 7 4 . | . 9 .
. 3 . | . 8 . | 5 . .
------+-------+------
. 8 6 | . . . | . . 2
1 . 2 | . . 5 | 9 . .
```

L-3-74 — Hard — Score: 1076

```
. 3 . | 6 4 8 | . 2 .
. . 2 | . . . | 5 . .
. 9 8 | . . . | 4 1 .
------+-------+------
. . . | . . . | . . .
. 6 . | 3 . 5 | . 8 .
. . . | 9 . 6 | . . .
------+-------+------
. 8 . | . 5 . | . 3 .
. . 5 | . . . | 8 . .
7 2 . | . 9 . | . 5 6
```

L-3-75 — Hard — Score: 1076

```
. 2 . | . 5 . | . 7 .
7 5 . | 4 . . | 2 . .
. . . | 1 7 . | 2 . 4
------+-------+------
. . . | . . . | . . 8
. 7 . | 5 3 4 | . 6 .
4 . . | . . . | . . .
------+-------+------
6 . . | 2 . . | 9 5 .
. . 2 | . . 7 | . 8 9
. 4 . | . 1 . | . 2 .
```

L-3-76 — Hard — Score: 1077

```
3 . . | . 2 . | . . .
. . 4 | 9 . . | 5 . 3
8 . . | . 4 . | 9 . 6
------+-------+------
. . . | 2 . 5 | . 3 .
. . 3 | . 6 . | 4 . .
. 7 . | 8 . 4 | . . .
------+-------+------
2 . 5 | . 8 . | . . 1
1 . 9 | . . 3 | 8 . .
. . . | 1 . . | . . 2
```

L-3-77 — Hard — Score: 1078

```
. 3 5 | . . 9 | . 2 .
. . . | 2 . . | 1 9 8
8 . . | . . . | 4 . .
------+-------+------
6 5 . | 7 . 4 | . . 9
. . . | . 8 . | . . .
3 . . | 5 . 6 | . 4 2
------+-------+------
. . 3 | . . . | . . 4
5 6 4 | . . 7 | . . .
. 9 . | 4 . . | 5 7 .
```

L-3-78 — Hard — Score: 1079

```
. . . | 4 . . | . . .
2 3 . | . 1 6 | . . .
9 . 6 | 5 . . | . . .
------+-------+------
7 . 2 | . 6 . | . . 1
3 . 9 | 2 . 1 | 5 . 6
1 . . | 9 . . | 8 . 7
------+-------+------
. . . | . . 4 | 2 . 3
. . . | 3 2 . | . 6 5
. . . | . . 7 | . . .
```

L-3-79 Hard Score: 1079

4		6	1			7		9
	9							3
	8		9				1	4
				9	5			
8				3				1
		5	8					
9	2				7		3	
6							4	
3		8			2	1		6

L-3-80 Hard Score: 1079

4		2		8		7		1
		7		4		5		
	9			7			8	
6		9				1		5
			5		4			
2		5		9		4		8
		8		6		9		
	5					4		
9			7		2			3

L-3-81 Hard Score: 1082

	3				5			
		5	3		2	1	9	
7			6					8
		9	2					
	7	6					2	4
						1	9	
8					4			9
	2	1	9		3	6		
			8				5	

L-3-82 Hard Score: 1085

	6			1				9
	9			4				5
		5			1			
	1			4				8
	7	3		9		6	1	
4			6				5	
		2			8			
9			8				3	
7			1				2	

L-3-83 Hard Score: 1085

9			4	6	8			2
	8			5			6	
	1	2				3	7	
			2	9	5			
			3		7			
	6			7			5	
7		9				4		6
4		1				7		3

L-3-84 Hard Score: 1086

8		4						
		2		4			1	
		9		7			8	6
9	6		4		1			
	8			6			9	
		9		5			6	2
1		6			9		3	
	5			7		6		
							9	5

L-3-85 Hard Score: 1086

			4					3
		6			1	5		
	8		3		2			
9		1		6				
4	5		8		3		1	2
				1		4		9
		9		5		6		
	6	3				1		
7				2				

L-3-86 Hard Score: 1086

3	5				2			
			6	5		8	4	
				9	1		2	5
	9	8						
4	7					8	1	
						9	3	
1	4		8	2				
			8	5		1	3	
			5				1	8

L-3-87 Hard Score: 1087

	8						2	
6				7				1
	1		4		9		6	
9			3		5			8
	4	8				2	5	
			6				1	
			4		3		7	
		5	9		2	4		

L-3-88 Hard Score: 1087

3	1				9	2	7	
5	2		8		7		1	
	9			8				
6	3		9		2		5	4
			3				6	
	5		1		4		2	8
	4	6	3				9	1

L-3-89 Hard Score: 1088

			2		6			
			1	7			4	
						9		3
	3		5	1		8		
1		2				3		5
		9		8	3		1	
7		3						
	5					7	6	
			8			4		

L-3-90 Hard Score: 1090

2	3			4			8	1
						4		
5		4	2		9	7		3
4								9
	1	2		5			4	7
6			1		4			8
	2						9	
					8			
7			6		3			4

L-3-91 — Hard — Score: 1094

	7	3		2	5			
8				1				2
	2		8		4		9	
5		3		7		2		6
9								4
				3				
			5		6			
	7			2			5	
		6				8		

L-3-92 — Hard — Score: 1095

	8		1		7		5	
3		9		5		1		7
		7	2	9	5	4		
		2				5		
	6			4			9	
	1						7	
6			9		8			5
		8		1		3		

L-3-93 — Hard — Score: 1095

	4		3			6	9	
	3				2		4	7
2		6						
				9			6	
			4			2		
	6			4				
						1		4
1	9		4				5	
	5	7			1		8	

L-3-94 — Hard — Score: 1096

			7		9			
	4	6		8				7
		4		5				2
	5	3	7					
				3	1	8		
7			3		9			
2			6			3	9	
		8		1				

L-3-95 — Hard — Score: 1096

		8	5				9	
7	1		8				4	
			7		9			8
		5						
1		3	2		7	8		9
					1			
2			6		4			
	8				5		6	1
	6				8	7		

L-3-96 — Hard — Score: 1096

4			8					9
			9					
		8			1	4	3	
7					9		6	
2	9						7	5
		6		5				8
			2	1	4		3	
					2			
1					5			6

L-3-97 — Hard — Score: 1097

	2							1
			5	7				3
8		3	1					7
		9			8	2		
	7		3	4	1		9	
		8	5			7		
9					6	1		2
6			4	7				
7						6		

L-3-98 — Hard — Score: 1097

9		2					7	
2		5	4		9			
1	7	9			5			
4								
	7			8			3	
								1
		1			9	3	5	
		3		7	1		6	
8					2		4	

L-3-99 — Hard — Score: 1097

2						7	4	6
	7					1		
	4				6			5
	5		3					
4	6		2		7		5	9
			8		6			
6			5				1	
		7					9	
5	8	2						4

L-3-100 — Hard — Score: 1098

				3	4		2	
					1			
4		3		1	7	8	6	
5		6						
7		9	2		6	3		5
					6			4
1	3	2	7			8		9
		7						
8		4	3					

L-3-101 — Hard — Score: 1099

					5	9		
	5		4	9	8	7		3
4		3						
5	4			3			6	9
				6				
9	7			4			3	5
					3			2
7		4	9	2	5		1	
	3	9						

L-3-102 — Hard — Score: 1099

4		9		2		1		
	7			5				6
	8					9	7	
					8		2	
			5	7	2			
	5		1					
	2	1				9		
6		3					1	
	3		6		8		5	

Sudoku puzzles (Hard). Each grid is 9×9; empty cells shown as `.`

L-3-103 — Hard — Score: 1099
```
. . 5 | . 3 8 | . . 1
3 . . | . . 9 | . . .
. . . | . 1 . | . . 3
------+-------+------
4 . 8 | . . 6 | . 9 7
. 3 . | . . . | . 1 .
1 9 . | 8 . . | 2 . 4
------+-------+------
7 . . | . 4 . | . . .
. . 2 | . . . | . . 9
5 . 3 | 9 . 1 | . . .
```

L-3-104 — Hard — Score: 1099
```
. 2 5 | . . 1 | . 4 .
. . . | . 5 . | . . .
. 1 3 | 4 9 . | 2 . .
------+-------+------
3 6 . | . . . | . . .
. 7 2 | . . 8 | . 9 6
. . . | . . . | . 7 3
------+-------+------
. . 9 | . 2 8 | 3 4 .
. . . | . . 4 | . . .
. . 6 | . . 3 | . 8 1
```

L-3-105 — Hard — Score: 1105
```
. . . | . 1 . | 6 4 .
8 4 2 | . . . | 3 5 6
. . . | . 4 6 | . 1 2
------+-------+------
. . . | . . 2 | . 5 .
5 . . | . . . | . . 7
. . . | . 9 . | 2 . .
------+-------+------
2 . 3 | . . . | 5 . 4
. 1 5 | . 8 . | 7 2 .
. . . | . . . | . . .
```

L-3-106 — Hard — Score: 1105
```
. . 5 | 4 . . | . . 7
6 . . | . 2 3 | . . 4
. . . | . 7 . | 9 8 .
------+-------+------
5 3 . | 7 . . | . . .
. . . | 1 . . | . . .
. . . | 9 . . | 2 5 .
------+-------+------
1 5 . | 9 . . | . . .
4 . 6 | 3 . . | . . 9
9 . . | . 1 6 | . . .
```

L-3-107 — Hard — Score: 1105
```
. . . | . . . | . 9 6
6 . . | 9 2 8 | 1 . 4
. . . | . . 1 | . 2 3
------+-------+------
. 7 . | . 8 6 | . . .
. 8 . | . . . | . 4 .
. . . | 2 5 . | . 3 .
------+-------+------
7 5 . | . 6 . | . . .
8 . 9 | 5 4 3 | . . 2
3 2 . | . . . | . . .
```

L-3-108 — Hard — Score: 1107
```
. . . | . . . | . 3 8
5 . . | . . 2 | . 7 .
. . . | . . 3 | 4 6 5
------+-------+------
. . 2 | 8 7 . | 1 . .
. 1 5 | . . . | 3 8 .
. . 8 | . 5 1 | 6 . .
------+-------+------
9 2 4 | 5 . . | . . .
. 3 . | 9 . . | . . 6
6 5 . | . . . | . . .
```

L-3-109 — Hard — Score: 1106
```
. . 2 | . 6 5 | . 3 .
3 . 1 | . . . | . 9 .
7 . . | . . 1 | . . .
------+-------+------
9 6 . | 2 . . | . . .
2 . 8 | . . 4 | . . 9
. . . | . 9 . | 8 2 .
------+-------+------
. . . | 5 . . | . . 1
. 7 . | . . 9 | . 3 .
. 1 . | 7 9 . | 6 . .
```

L-3-110 — Hard — Score: 1106
```
. . . | . . 1 | 5 . .
6 . . | . . 7 | . . .
7 . . | 5 9 . | . . 2
------+-------+------
4 . . | . . . | . 8 5
5 2 6 | . . . | 1 9 7
1 9 . | . . . | . . 3
------+-------+------
9 . . | . 3 4 | . . 8
. . . | 8 . . | . . 4
. . . | 3 7 . | . . .
```

L-3-111 — Hard — Score: 1106
```
6 5 . | . . 1 | . . .
. . . | 4 . . | 2 . 6
3 . . | . 6 7 | . . 8
------+-------+------
9 7 . | . . . | . 3 .
. . . | 3 . . | . 8 .
. . . | 6 . . | . 2 5
------+-------+------
1 . . | . 3 7 | . . 2
8 . . | 1 . . | 5 . .
. . . | . . 8 | . 1 9
```

L-3-112 — Hard — Score: 1108
```
. . 8 | . . 2 | . 3 .
6 . . | 1 8 . | 4 . .
. . 7 | . 3 . | . . .
------+-------+------
. . 1 | 5 . . | . . 6
3 . . | . 6 . | . . 4
2 . . | . . 4 | 8 . .
------+-------+------
. . . | 9 . 7 | . . .
. . 4 | . 2 6 | . . 5
. 9 . | 8 . . | 1 . .
```

L-3-113 — Hard — Score: 1108
```
. . . | 8 . . | . 6 .
7 5 . | . . . | . 1 3
9 6 . | . . . | . 5 7
------+-------+------
. 2 . | 5 1 8 | . 7 .
. . 7 | 4 3 2 | 9 . .
. . . | 7 . 9 | . . .
------+-------+------
. . . | . 4 . | . . .
3 . . | . . . | . . 6
. 8 4 | . . . | 1 9 .
```

L-3-114 — Hard — Score: 1108
```
. . 8 | 1 . 2 | 9 . .
1 4 . | . . . | . 2 6
. . . | . 6 . | . . .
------+-------+------
. . . | . . . | . . .
2 8 . | . 3 . | . 1 5
9 . . | . 4 . | . . 8
------+-------+------
. . . | 3 . 4 | . . .
. 1 . | . 2 . | 4 . .
7 . 9 | 5 6 . | . 3 .
```

84

L-3-115 — Hard — Score: 1111

	8			9			4	7
7	6		5					
		9			1		8	
9		2		8				
			7		2			
			6			7		3
	5		6			8		
					7		1	5
8	2			1			6	

L-3-116 — Hard — Score: 1116

2			6	1				
	5	6	4				3	
			2					1
	4	3				9		5
				6				
5		7				1	6	
7					2			
	9					6	2	5
				8	1			6

L-3-117 — Hard — Score: 1116

5	7	9	6				3	8
6								
			7			9		6
7			9					2
	9			3			4	
3					5			9
1		5				8		
								7
9	8				6	2	1	4

L-3-118 — Hard — Score: 1117

	3		8		9		7	
2				3				9
8	9	5				3	4	1
		8	7	1	4	9		
4								7
		4		2		7		
	1			9			5	
		6	4		1	2		

L-3-119 — Hard — Score: 1117

		7						
9				4				3
4		5		6	7	1		9
								6
	8		1	9	3		4	
3								
6		2	4	5		3		1
1				3				8
						5		

L-3-120 — Hard — Score: 1118

			8		2			
	8			6				1
4				9				8
				3				
		2				7		
8	5	1				6	9	3
3	1			7			4	2
2		8	3		9	1		6

L-3-121 — Hard — Score: 1118

1		2		3				8
8	4		1					7
						6		
	3	4	6	7				
				1	3	5	2	
			4					
6					5		4	9
4				9		7		5

L-3-122 — Hard — Score: 1119

	4	5				6	8	
1	3						7	9
6				9				5
4		7	1		9	5		6
		6			7		9	
3				6				8
7				8				2
			6		7			
			2	1	3			

L-3-123 — Hard — Score: 1119

			6		7			
		4		5		2		
	7	8		3		5	4	
		9		1		3		
	5						2	
		6	3		4	7		
	3	7		2		1	8	
		2		6		4		
8	4						3	2

L-3-124 — Hard — Score: 1123

		6			3			
3		9		6		7		1
4				7				6
1			7		2			8
9	5		6		1		3	2
7		3		5		6		9
	9						8	
	4			1			7	

L-3-125 — Hard — Score: 1125

					7			
			2	4	9			
		4	3	8	6	2		
			3				7	
2			4		7			8
6	4						2	1
5								3
				6				
3	8			1			6	5

L-3-126 — Hard — Score: 1125

			1	2		8	6	
			2		1		7	
	6				5			8
				1		3		
	1	5		2			8	6
4				6				7
	9	7			8		1	5
			3		1			
				7				

L-3-127 — Hard — Score: 1126

			6					
8	6	5						2
1	2				5	9		
			7	6	2		4	
6		9				7		5
7		2	4	1				
		6	3				7	9
5					4	3	6	
			5					

L-3-128 — Hard — Score: 1126

		5	4		3		1	7
		2				8		4
			7					
		3	5					2
	9	8				3	5	
6						8	7	
						4		
3		7					4	
5	4		3			6	2	

L-3-129 — Hard — Score: 1127

			4		2			
7				8		4		6
3		4	5					
		6					2	
	2			9			6	
	3					1		
					3	5		1
6		7		2				9
			9		4			

L-3-130 — Hard — Score: 1127

5	1		6	4			7	
		7						
		5		3				
8	3	9	4		5			
	6		8			4		
		5		9	6	8	3	
		2	7					
			4					
	4		2	5		6	8	

L-3-131 — Hard — Score: 1127

1	7			4	9		2	8
6	9			8			4	
3				2			7	
		7				1		
		5			6			3
		2			5		3	6
5	1		6	7			8	2

L-3-132 — Hard — Score: 1128

1		3		8	9			2
			6					
	4				7		8	3
	1	8		3				6
3				5				4
5				6		8	3	
4	9		3				1	
					8			
8			1	4		6		9

L-3-133 — Hard — Score: 1128

	4		7					8
	8				6	5	4	
1	5			8				
5			6					
7								3
			2					7
		6				3	4	
	9	5	3				2	
2			9		6			

L-3-134 — Hard — Score: 1128

		4	8		1		6	
		6						4
	8			3		7		
		3		1	8		4	
		9				3		
	2		9	6		8		
		2		8			7	
6						5		
	4		5		7	6		

L-3-135 — Hard — Score: 1129

						2	4	
	8				6			7
		5	3	8	4			
							1	3
6	3			7			9	5
5	4							
			9	6	2	5		
2				7				8
		6	4					

L-3-136 — Hard — Score: 1129

			1					
		7	3	5				
4			8		2			9
	6			7			1	
1								2
8			9		1			6
	3					2		
				2				
2	7		3	4	6		8	1

L-3-137 — Hard — Score: 1129

9		2		6				
6			5					
5			9	7		4		
	4					8	3	
					2			
		6	3				1	
		8		4	9			5
					3			7
			8		2			3

L-3-138 — Hard — Score: 1129

	3		6		5		9	
		2		3		1		
9		6	1	5	2	7		8
2			9		7			1
7				6				9
			7					
				4		3		
6		1				2		3

86

L-3-139 — Hard — Score: 1133

2	4		5		1		9	3
3		9				5		1
				2				
		5		7		1		
6	2						5	9
	9	1				6	3	
1	5		8		2		7	4
					1			
		2		9		3		

L-3-140 — Hard — Score: 1135

		4				2		
3			5	4	9			1
		8				7		
				2				
2	4			6			3	8
			4		1			
	3						1	
6				9				7
9			6		2			4

L-3-141 — Hard — Score: 1136

		7			8		6	
5						8	1	4
			1			7		
1	9			5				
		2		6		4		
				2			8	5
		5			3			
4	6	9						8
	7		9			6		

L-3-142 — Hard — Score: 1137

	7	2		9				6
6			7	5		1		
3						9		
			2	9		7		
	1	7		5		2	3	
	4		1	3				
	3							7
	2		7	8				9
7				4		6	8	

L-3-143 — Hard — Score: 1137

	5				7			
6								1
2		9		7		6		4
8		3	6		5	4		7
			7		8			
		6				2		
		2	1		6	8		
1			9		4			6

L-3-144 — Hard — Score: 1138

	9		8					6
6	5			9		8		
			1		3	2		5
							9	3
				1				
4	2							
		8		1	6		2	
		6		7			1	5
9					4		7	

L-3-145 — Hard — Score: 1138

	1		3		4			
	9		4		2			
		2		5				
2			3	5	1			8
		8		7		5		
	9	5				7	2	
9								7
	6					4		
5		4		8		6		2

L-3-146 — Hard — Score: 1138

	3				7			
1	2		8			6		
		4		6		2		1
		6			3			
		1		9		5		
		5				3		
8		5		3		7		
		3			8		4	6
			7				5	

L-3-147 — Hard — Score: 1138

4			2		9			5
				4			8	
9				3	8		2	
			1					
6	8						3	4
						7		
		1		9	5			7
		9				3		
8			6		7			2

L-3-148 — Hard — Score: 1147

2				5		6		8
	1	4			6			
3			7			5	1	
9	5			7		3		
		6		3			9	1
	7	3			4			6
			3			1	7	
1		9		6				3

L-3-149 — Hard — Score: 1150

			5		6			
	1	5				6	3	
9		7				4		1
3				7				8
		4				3		
7			3		1			9
4	9						8	3
1			2		9			4

L-3-150 — Hard — Score: 1155

3							6	
		8	7				3	1
				1	7			2
	6		2		5			3
		1				2		
4			1		3		7	
1			9	5				
	7	3				6	2	
	4							1

87

L-3-151 — Hard — Score: 1157

7		9		1		8		2
4				9				1
		2				4		
5								3
8		3	9		2	1		7
2								4
			7	8	6			
9			1	4	3			5

L-3-152 — Hard — Score: 1157

3								6
	8		9		1		3	
2		1				4		9
1			7		8			3
8	3						2	7
				2				
				6				
	9	6	4		2	3	1	
	1					5		

L-3-153 — Hard — Score: 1157

						7	3	
		2		5	4		7	9
				8			2	
		5	6				8	
2				7				3
	1				3	9		
		6				5		
3	8		7	6		1		
		1	9					

L-3-154 — Hard — Score: 1157

3								1
1			9					5
	2		8			9		
	5		7	4	8		3	
		4			9			
	1			3			8	
		3	6		4	7		
4				7				9
		8	9	1	2	3		

L-3-155 — Hard — Score: 1158

9		5				7		2
	3				7			1
4						3	5	
7			5		1	8		
3								6
	6	1		4				7
1	4							8
6			8			7		
8		9				2		4

L-3-156 — Hard — Score: 1158

		6	3					4
		7	1	5				
	8					2	3	7
3		7		4			9	
	6						4	
	5			6		7		1
8	4	2					1	
			1	2	6			
6					8	5		

L-3-157 — Hard — Score: 1158

2	1			8				
	7		5				1	
		6	3	1				5
					2	9		
			9	8	7			
	9	3						
8				2	3	7		
	4				1		5	
			8				2	4

L-3-158 — Hard — Score: 1164

		1	6		7	3	5	
6								4
				3			1	
		6	4					7
		8		7		2		
4					5	8		
	5			6				
8								2
	6	9	5			3	4	

L-3-159 — Hard — Score: 1165

	7			8	2	5		
	5							2
			1				6	
	4	6			8		2	
		8	4		7	1		
	2		3				4	8
	6					1		
3							4	
		9	8	4			3	

L-3-160 — Hard — Score: 1165

		8	7		5	2		
	7		6	8	1		3	
5								7
		4		7		1		
			3					
7	3						5	6
	9			6			1	
6								4
1		5			3			9

L-3-161 — Hard — Score: 1165

5	2							
9	3	6	8			4		
		8						5
2		3	9	8	5			
7				4				3
			7	1	3	5		2
1						2		
		5			9	1	6	8
							5	7

L-3-162 — Hard — Score: 1166

8					3			
	9		1			7		6
	4			9			5	
	1			3				
4			6		9			2
				1			9	
	5			6			3	
7		9			1		2	
		8						5

L-3-163 Hard Score: 1167

```
. . . | . . . | . . 9
4 . . | . 3 5 | 6 2 .
8 . . | . 6 . | . . 4
------+-------+------
6 . . | . . 9 | . 7 .
. 5 . | . . . | . 9 .
. 3 . | 5 . . | . . 6
------+-------+------
3 . . | . 1 . | . . 8
. 4 9 | 6 5 . | . . 3
2 . . | . . . | . . .
```

L-3-164 Hard Score: 1167

```
3 . 1 | . 5 . | 4 . 8
. . 2 | . . . | 9 . .
. . 4 | . 3 . | 7 . .
------+-------+------
4 . . | . . . | . . 3
. . 7 | 6 . 8 | 1 . .
. 9 . | 4 8 3 | . 1 .
------+-------+------
. 1 . | . 6 . | . 4 .
7 . 3 | . 2 . | 8 . 9
```

L-3-165 Hard Score: 1167

```
8 5 . | 7 . 1 | . . .
. . . | . 5 . | . . 4
3 6 . | . . . | . 1 .
------+-------+------
2 . . | 3 . 8 | . 6 5
7 3 . | 1 . 9 | . . 8
. 8 . | . . . | . 5 3
------+-------+------
5 . . | . 4 . | . . .
. . . | 5 . 6 | . 8 9
```

L-3-166 Hard Score: 1168

```
. 8 7 | 1 6 4 | 9 3 .
. . . | 7 . 3 | . . .
. . 3 | . 5 . | 8 . .
------+-------+------
. 6 5 | . 3 . | 1 2 .
. 7 . | . 1 . | . 6 .
. . . | . . . | . . .
------+-------+------
6 . 2 | 8 . 5 | 4 . 9
. . . | 6 . 1 | . . .
. . 8 | . . 6 | . . .
```

L-3-167 Hard Score: 1169

```
5 . . | 6 . . | . . .
. 7 8 | . . . | . . 5
4 . 2 | 1 . 8 | . . .
------+-------+------
. . 9 | . . 4 | . 6 .
. 6 . | . 2 . | . 5 .
. 1 . | 9 . . | 8 . .
------+-------+------
. . 5 | . 9 2 | . 6 .
7 . . | . . 9 | 3 . .
. . . | . . 2 | . . 4
```

L-3-168 Hard Score: 1169

```
. 9 . | 6 1 2 | . 8 .
8 . . | 3 9 5 | . . 2
. . . | . . . | 8 . .
------+-------+------
. . . | . . . | 3 . .
3 . . | . . . | . . 1
. . 2 | . 9 . | 6 . 5
------+-------+------
. . . | . . . | 4 . .
7 . 9 | 8 5 1 | 3 . 4
2 4 . | . . . | . 9 5
```

L-3-169 Hard Score: 1170

```
4 . . | . 5 . | . . 7
. 3 . | . . . | . 4 .
. . . | . . . | . . .
------+-------+------
. . 2 | . . 4 | . . .
3 . . | 9 2 8 | . . 1
. 5 . | . 4 . | . 9 .
------+-------+------
. . 3 | . 1 . | 9 . .
. 6 9 | 3 . 4 | 2 8 .
5 . . | . 9 . | . . 6
```

L-3-170 Hard Score: 1174

```
. 5 4 | . . 6 | . . .
9 . 7 | 5 . . | . 8 .
. . . | . 9 4 | 2 . .
------+-------+------
. 6 . | . . . | . . 1
. . 5 | 6 . . | 2 9 .
2 . . | . . . | . 4 .
------+-------+------
. . 6 | 8 7 . | . . .
. 7 . | . . 1 | 8 . 5
. . 1 | . . . | 7 3 .
```

L-3-171 Hard Score: 1175

```
. . . | . . 6 | 3 5 4
. 6 4 | 8 5 . | 1 . 9
. . . | 1 . . | 2 6 8
------+-------+------
. . 6 | . . 4 | . . 5
. . . | 8 . . | 1 . 4
. . . | 3 . . | 9 1 .
------+-------+------
4 2 9 | . 8 7 | . 3 .
. 7 3 | . . . | . . 9
. . . | 1 . . | . . .
```

L-3-172 Hard Score: 1175

```
7 3 . | . . 1 | . . 8
. . . | . . . | 1 3 .
1 . . | . 8 . | . 4 .
------+-------+------
. . 7 | . . 8 | . . .
6 . 3 | . 5 . | 7 . 1
. . . | 3 . . | 9 . .
------+-------+------
. 5 . | . 3 . | . . 6
. 6 1 | . . . | . . .
9 . . | 1 . . | . 2 4
```

L-3-173 Hard Score: 1176

```
. 1 4 | . . . | 2 6 .
. . . | 4 1 2 | . . .
8 . . | . . . | . . 3
------+-------+------
7 . 8 | . . . | 5 . 1
. . 1 | 9 . 7 | 6 . .
. 2 . | . 8 . | . . 3
------+-------+------
. . 3 | . 6 . | 8 . .
6 8 . | 3 . 1 | . 2 4
```

L-3-174 Hard Score: 1179

```
. 2 . | 3 . . | 6 . .
5 . . | 7 . . | . . .
6 . . | 9 . . | 2 . 3
------+-------+------
8 . . | . . 1 | . 9 .
3 . 5 | . . . | 1 . 2
. . 1 | . 8 . | . . 7
------+-------+------
4 . 9 | . . . | 3 . 5
. . . | . . . | 7 . 6
. . 6 | . . 8 | . 4 .
```

L-3-175 — Hard — Score: 1178

```
9 . . | . . . | . 5 .
3 . 8 | . 4 7 | . . .
. 5 . | 6 . . | 4 . .
------+-------+------
. 3 . | 9 . 4 | 7 . .
. . . | 3 . . | . . .
. . 5 | 7 . 8 | . 3 .
------+-------+------
. . 2 | . . 6 | . 8 .
. . 4 | 1 . 3 | . 7 .
. 1 . | . . . | . . 4
```

L-3-176 — Hard — Score: 1178

```
5 . . | . . 1 | . 6 .
. . 3 | 2 . . | 4 . .
6 2 . | 4 . . | . 5 8
------+-------+------
. . 6 | . . . | . . 5
. . 4 | . 5 . | . 8 .
9 . . | . . . | . 3 .
------+-------+------
7 5 . | . . 4 | . 1 9
. . 6 | . . . | 9 5 .
. 3 . | 5 . . | . . 2
```

L-3-177 — Hard — Score: 1179

```
. . 2 | . . . | . 7 6
. . . | . . . | . . 2
8 . . | . . 7 | 5 3 9
------+-------+------
. 7 . | . . 8 | 6 1 .
5 . . | . 2 . | . . 3
. 6 4 | 5 . . | . 2 .
------+-------+------
7 3 9 | 8 . . | . . 6
4 . . | . . . | . . .
. 8 5 | . . . | 9 . .
```

L-3-178 — Hard — Score: 1180

```
. . 1 | . 7 . | . . .
. . . | 9 . . | . . .
. . 3 | . 5 . | . . .
------+-------+------
. 3 . | . . 9 | . . .
5 . . | 9 . 8 | . . 3
. 9 1 | . . 6 | 7 . .
------+-------+------
. 3 8 | . 2 . | 7 4 .
. 4 . | . . . | 9 . .
9 7 . | 4 . 3 | . 1 8
```

L-3-179 — Hard — Score: 1182

```
. 3 . | . . . | . 6 .
1 . . | 9 7 4 | . . 8
4 . . | . . . | . . 1
------+-------+------
. . . | . . . | . . .
6 . 4 | . 5 . | 1 . 7
. . 7 | . 4 . | 8 . .
------+-------+------
. . 6 | 5 2 1 | 3 . .
5 . . | . . . | . . 9
. 4 . | 7 3 9 | . 1 .
```

L-3-180 — Hard — Score: 1186

```
6 . 4 | . . . | . . .
3 2 . | . . 8 | . . .
. . . | . 6 . | . 2 .
------+-------+------
8 . . | . 4 . | . 1 6
2 . 1 | 9 . 3 | 4 . 5
4 5 . | . 7 . | . . 8
------+-------+------
. 7 . | . 3 . | . . .
. . 1 | . . . | . 8 2
. . . | . . . | 3 . 7
```

L-3-181 — Hard — Score: 1186

```
. 7 . | . 1 . | . . .
8 . 6 | . 7 . | . . 9
. 3 4 | . 8 5 | . . .
------+-------+------
3 7 . | . . . | 6 5 .
2 . . | 5 . . | . . 7
. 4 . | . . 2 | . . .
------+-------+------
6 . 3 | . 9 . | . . 2
. 2 . | 7 . 3 | . . .
. 5 . | . 6 . | . . .
```

L-3-182 — Hard — Score: 1187

```
. 2 . | 3 . . | . . .
4 . . | 5 . . | . 3 2
. . . | 3 6 . | . 9 .
------+-------+------
. . . | . . 9 | 7 1 .
. . 9 | . 8 . | 3 . .
. 7 5 | 1 . . | . . .
------+-------+------
. 4 . | . . 6 | 8 . .
9 8 . | . . 5 | . . 3
. . . | . . 4 | . 5 .
```

L-3-183 — Hard — Score: 1187

```
4 . . | 6 . . | . 1 8
. . . | . . . | . 2 3
. . 7 | . 1 . | . 9 4
------+-------+------
. . . | 1 . 8 | . . 6
6 . . | . 4 . | . . 2
2 . . | 5 . 6 | . . .
------+-------+------
1 8 . | . 7 . | 4 . .
. 3 4 | . . . | . . .
9 . 6 | . . 5 | . . 1
```

L-3-184 — Hard — Score: 1187

```
. 2 . | 6 . . | 7 5 3
3 . . | . 2 . | . . 9
. 7 . | 4 . . | 6 . .
------+-------+------
. . . | 9 . . | 8 . .
. . . | 7 8 2 | . . .
. 9 . | . . 5 | . . .
------+-------+------
. . 2 | . . 4 | . 1 .
1 . . | . 7 . | . . 5
9 5 4 | . . 1 | . 3 .
```

L-3-185 — Hard — Score: 1187

```
. 7 . | . . . | . 5 2
. . 3 | . 1 . | 6 . .
. . . | 4 . . | . . 9
------+-------+------
. 5 . | 3 8 . | . . .
. 1 . | 6 . 2 | . 9 .
. . . | 9 5 . | 1 . .
------+-------+------
7 . . | . 3 . | . . .
. . 1 | . 4 . | 5 . .
2 5 . | . . . | . 4 .
```

L-3-186 — Hard — Score: 1188

```
. 6 1 | . . . | 3 9 .
3 . . | 6 . 2 | . . 4
. . . | . . . | . . .
------+-------+------
. . . | . 3 . | . . .
. 7 . | . 1 . | . 5 .
. 5 8 | . 6 4 | . . .
------+-------+------
. 2 8 | . . . | 1 6 .
1 . . | . 5 . | . . 2
4 . . | . 6 . | . . 8
```

L-3-187 — Hard — Score: 1189

			6					
	1	2			5	3		
	6		8	1	4		5	
	9	7				8	2	
2		5		4		1		7
	8	6				5	3	
	1		5	2	9		8	
		8	7		6	2		
				8				

L-3-188 — Hard — Score: 1193

			2		7			
				1				
	6	4	9	8	5	7	2	
6		3		7		8		5
	4						3	
		7	3	5	2	6		
		6		4		9		
	1	8		2		3	7	
	7						8	

L-3-189 — Hard — Score: 1194

4	5			9			2	7
				2	1	6		
2								1
9	4		1	2	7		8	5
				3		4		
5	7						1	2
				4				
8	3		9		1		4	6

L-3-190 — Hard — Score: 1195

6	5		1	7				
	8		2					
		1			4			3
		8	5			6		
3	4						8	5
	1				6	3		
2			6			4		
				2		9		
			9	7		3	2	

L-3-191 — Hard — Score: 1197

			4	9				8
5			6					1
					3	4		
		2	8		9		5	
7	1						8	9
	9		3			1	6	
		4	5					
8					7			6
6				3	4			

L-3-192 — Hard — Score: 1198

5	7				1			
3			4	8		7		
		1				5		
				5		6		2
				9		8		
6		5		4				
				8			2	
		4		1	2			8
				3			9	4

L-3-193 — Hard — Score: 1199

	3					4		
8								6
	6	5				3	1	
		9		7		6		
1			6		8			4
				9				
6			5		2			3
4								1
		2	1		7	8		

L-3-194 — Hard — Score: 1205

					9		7	
	2	9	6			3		8
	1	3		2				
					7		8	
8	7						3	9
		9		5				
				9		6	1	
1		7			5	4	9	
	4		7					

L-3-195 — Hard — Score: 1205

			4	1	8		2	
4								3
8	5			6			7	
					7	4		
	4		6	9	1		8	
		5		8				
	7			3			1	8
3								6
		6		1	4	9		

L-3-196 — Hard — Score: 1206

9								1
	4					6		
		6	4	8	9	5		
		9	8		2	7		
		2		9		3		
		4	3		5	9		
		5	7	1	6	8		
	3						7	
7								4

L-3-197 — Hard — Score: 1207

4			8		1			5
		9				2		
			2	4	5			
						7	9	
	4	1						
3	9						5	1
		2		8		5		
	7		6		2		8	
	5		7		4		6	

L-3-198 — Hard — Score: 1207

	7				8	4		3
9		2			5		7	
				3		5	1	
			6		1			
	4	6		9				
	8		9			1		2
7		9	2				3	

91

L-3-199 — Hard — Score: 1207

6			4				8	
			5	9	1			
		7		6		4		5
	2	1						
			7		5			
						5	3	
3		6		4		9		
		2	9	1				
	9				7			3

L-3-200 — Hard — Score: 1208

			9				8	6
3			8		9			1
				7				2
	6		5	2	3		1	
				1				
	9		8	6	4		3	
9				4				
6		3		9				8
4	2					6		

L-3-201 — Hard — Score: 1215

		8	5			1		3
	1				3		4	
3			4				5	
		5		7				4
	7						8	
1				2		3		
	5				7			9
	6		1				3	
2		1			9	7		

L-3-202 — Hard — Score: 1215

7		5		1			4	6
		3						
9		2		8		7		
		8			2	6		
2								4
	7	4			9			
		9		4		6		7
				7				
8	2			9		4		1

L-3-203 — Hard — Score: 1216

			4			3		
7					1	8	5	
					6	7		2
	2		9					7
		5	1		2	6		
6				3		2		
3		2	6					
	6	7	2					9
		8			4			

L-3-204 — Hard — Score: 1216

			1	8	5		7	
			4					6
	3	7				8		5
2			4		3			
				7	2	1		
			9		5			1
7		2				3	8	
	4					6		
		3			7	8	5	

L-3-205 — Hard — Score: 1216

6				7				5
	7		3		2		6	
		4			2			
	5		9	3	8		7	
4			6	2	7			3
	3		1	5	4		9	
		8			1			
	1		8		5		2	
5				1				8

L-3-206 — Hard — Score: 1216

6		8				1		4
4				7				2
			4		9			
		3		8		2		
	6						3	
8		2	6		7	5		1
2	3						8	7
			6	5		8	4	

L-3-207 — Hard — Score: 1216

7	6				1		5	2
3		2					1	9
				4		1		
	3		5		6		7	
4		6				9		8
	9			8			1	
		3		7		4		

L-3-208 — Hard — Score: 1216

					9	8		
6	1			2			7	
	8		5					1
				4	5		8	
3		5	2					
8				7		2		
	2			6			9	3
	7	9						

L-3-209 — Hard — Score: 1217

			5				8	4
			8	3	2		7	
1		7				8		
				8			9	2
				5				
	6	2				7		
		9				3		7
		9		1	3	6		
2	5					8		

L-3-210 — Hard — Score: 1218

3	8		2	6	1	9		
			4				3	1
			7				6	
		2		5				3
6				9				4
5				2		6		
	2				3			
4	5					3		
		3	6	4	5		1	2

L-3-211 — Hard — Score: 1218

```
6 4 . | . 2 . | . . .
3 . 7 | . 6 1 | . . .
. . 2 | . . 3 | . 6 .
. . . | . . . | . 1 5
. . 8 | . . 2 | . . .
9 3 . | . . . | . . .
. 7 . | 1 . . | 4 . .
. . . | 2 4 . | 8 . 9
. . . | 8 . . | . 5 3
```

L-3-212 — Hard — Score: 1218

```
. 4 7 | 3 . . | . 2 .
. . . | . . 4 | 8 . .
3 8 . | 6 9 . | . . 1
. . . | 8 . . | 6 . .
2 6 . | . . . | 1 5 .
8 . . | 4 . . | . . .
7 . . | 1 2 . | 6 8 .
. 2 4 | . . . | . . .
1 . . | . . 6 | 4 7 .
```

L-3-213 — Hard — Score: 1221

```
. 8 . | . 6 . | . 9 .
. . . | 7 . 3 | . . .
. . 4 | . . . | 2 . .
. . 2 | . . . | 6 . .
3 . . | . . . | . 8 .
7 8 . | 5 . . | 1 2 .
9 . 5 | . 8 . | . 1 .
. 5 6 | . . 1 | 4 . .
. 3 . | 4 . . | 5 . .
```

L-3-214 — Hard — Score: 1224

```
. 5 1 | . . . | 3 7 .
2 . . | 5 . . | . . 1
. 3 4 | . 9 8 | . . .
. 9 . | 8 . 5 | . . .
. 2 5 | 1 3 9 | . . .
3 . . | . 9 . | . . 4
9 . 7 | . . 6 | . . 5
. 1 . | . 3 . | 2 . .
```

L-3-215 — Hard — Score: 1226

```
4 2 . | . 6 . | . . .
6 . . | . 3 1 | . . .
. . 8 | 2 . . | . 7 .
. . 2 | . . . | 4 1 3
. . . | . . . | 8 . .
7 5 3 | . . . | . . .
. 1 . | . . 2 | 9 . .
. . . | 8 7 . | . . 4
. . . | . 1 . | . 2 7
```

L-3-216 — Hard — Score: 1228

```
. . . | . 8 . | 2 . .
. 6 . | . . . | . 8 .
. . . | 4 5 7 | . . .
1 8 . | . . . | . 7 4
. . 9 | . 2 . | 1 . .
. . 6 | . . . | 3 . .
9 . 1 | . 8 . | 4 . 5
. 5 4 | . 3 . | 7 6 .
6 . . | . 4 . | . . 9
```

L-3-217 — Hard — Score: 1228

```
. . . | . . 4 | . . .
. 8 2 | . 9 . | . . 5
. 1 5 | . . . | . . .
. . 7 | 3 . 1 | . . .
5 . 2 | . 1 . | 7 . 9
. . 1 | . 2 5 | . . .
. . . | . . 2 | 8 . .
8 . . | 4 . 6 | 3 . .
. . 4 | . . . | . . .
```

L-3-218 — Hard — Score: 1228

```
3 5 . | . 9 . | . . .
. 8 . | . . . | . 7 .
. . . | 4 3 . | . 9 5
2 . 3 | . . 4 | . . .
. . 5 | . . . | 2 . .
. . . | 5 . . | 1 . 9
6 1 . | . 5 7 | . . .
. 3 . | . . . | 6 . .
. . . | 4 . . | . 5 3
```

L-3-219 — Hard — Score: 1229

```
. . . | . 6 . | 7 . .
5 . 2 | . 3 . | 6 . 7
. 7 . | . . . | . 1 .
4 5 6 | . . . | 7 3 8
. . 3 | . 4 . | 9 . .
9 . . | . . . | . . 4
7 . . | 4 . 8 | . . 3
. . . | 8 1 2 | 9 5 .
```

L-3-220 — Hard — Score: 1233

```
. . 6 | 7 . . | . 5 .
3 . . | . 5 . | . . 6
8 . . | . . . | 4 9 .
. 2 . | 5 1 . | . . 8
. . 8 | 2 9 3 | 7 . .
4 . . | . 7 8 | . 1 .
. 8 4 | . . . | . . 7
7 . . | . 2 . | . . 9
. 9 . | . . 7 | 3 . .
```

L-3-221 — Hard — Score: 1236

```
5 . . | . 1 4 | . . .
. . 6 | . 3 . | . . .
. 2 1 | 6 . . | . . .
4 . . | 3 . . | 6 7 .
. 8 . | . . . | . 4 .
. 6 9 | . . 1 | . . 3
. . . | . . 6 | 2 1 .
. . . | 9 . . | 8 . .
. . . | 5 7 . | . . 9
```

L-3-222 — Hard — Score: 1236

```
. . 3 | . . 8 | . . 4
. . . | 5 3 . | 8 . .
9 . . | . 4 . | 3 2 .
. . . | . . . | . 4 8
. . 6 | . 1 . | 7 . .
5 9 . | . . . | . . .
. 8 7 | . 2 . | . . 1
. . 9 | . 7 1 | . . .
2 . . | 3 . . | 6 . .
```

L-3-223 — Hard — Score: 1236

			4	3	7	1		
		7		9				5
6	3					2		
				5		7		
	5	1		9		3	4	
	2		4					
	7					6	3	
1			9		8			
	4	9	3	5				

L-3-224 — Hard — Score: 1236

	2		4				5	8
				5		3		
					6			
	6						1	
			8		4			
1				9				2
3	1	6			9	8	7	
		6	2		7	9		
7							4	

L-3-225 — Hard — Score: 1237

	1	2	6		4			7
8		5		7				
4	6	7	1					
		3	8	4		5	1	
	5	4		1	9	8		
					1	7	9	5
			6			1		2
7			5		3	4	6	

L-3-226 — Hard — Score: 1239

6				1		5		
7				5		8		
	8	2						4
3					4			
		6	3	8	2	9		
			5					1
4					2	1		
	5		4					6
		8		6				5

L-3-227 — Hard — Score: 1250

				9				7
	2	7	3					
9		8		7		1	3	
	6				5	1	3	
				1				
8	1	9					6	
	7	6		4		9		5
					5	4	7	
4			2					

L-3-228 — Hard — Score: 1257

4			3		2			6
5								9
	2						4	
	1	4		7			3	8
				3				
2	5						6	4
		7	5	2	4	6		
				1	8	3		
		5		9		4		

L-3-229 — Hard — Score: 1267

	5			3			2	
6				8				4
9			6		4			3
		1		9		2		
		6	7		1	9		
	8			7			5	
5								6
		4	9	5	3	7		

L-3-230 — Hard — Score: 1267

	7		1		2			
8	1				6	7		
	9		7		4			
2						9		
6	3	9		2	7	1		
1								8
		3		5				
	4		6		1		2	

L-3-231 — Hard — Score: 1268

				8				
		9	1			7		3
7	3						8	
2			9		8	3		4
			5	3		6	1	
1		3	4		5			2
	7						1	5
9		6				7	4	
				9				

L-3-232 — Hard — Score: 1277

7		1	2		9			
	6			7				
2	4			8	1			9
4					7			6
	9						1	
6		2						4
1			7	4			6	2
				5			3	
			9			3	4	7

L-3-233 — Hard — Score: 1279

			4			3		
				1			7	4
5				8	4	6		1
		5				4		3
	2		4		9		8	
4		7				9		
9		8	1	2				5
2	5				4			
			5			8		

L-3-234 — Hard — Score: 1280

		4		7		8		
	5		6	4	3		9	
2			5		8			7
4		5	1		2	6		8
		2		6		5		
	1						3	
3								5
	4		8	5	1		2	

94

Sudoku Puzzles — Hard

L-3-235 — Hard — Score: 1286
```
. 3 . | . 7 . | . 9 .
6 . 9 | 1 . 2 | . . 4
5 . . | 6 8 9 | . . .
------+-------+------
. . . | 9 1 . | . . .
7 . 3 | . 2 . | 1 . 9
. . . | . 5 3 | . . .
------+-------+------
. . . | 2 6 8 | . . 3
9 . . | 3 . 5 | 8 . 7
. 2 . | . 9 . | . 4 .
```

L-3-236 — Hard — Score: 1307
```
. 3 . | . 8 . | 1 . .
8 . 6 | . . 1 | . . .
. 4 . | . 3 . | . 2 6
------+-------+------
7 . 2 | 3 . . | 6 . 4
. 8 . | 2 . 6 | . 9 .
4 . 9 | . . 5 | 3 . 2
------+-------+------
3 7 . | . 5 . | . . 6
. . . | 7 . . | 2 . 3
. . . | 4 . 6 | . 7 .
```

L-3-237 — Hard — Score: 1308
```
9 . . | . . 1 | . . .
. 4 . | 9 . 6 | . 1 3
. 1 . | 7 5 . | . 4 .
------+-------+------
. 3 8 | . 6 . | . . 4
. . . | . . . | . . .
2 . . | . 8 . | 1 3 .
------+-------+------
. 9 . | . 7 5 | . 2 .
6 7 . | 3 . 2 | . 9 .
. . . | . . 6 | . . 7
```

L-3-238 — Hard — Score: 1317
```
. 4 . | 6 5 9 | . 1 .
9 . . | . . . | . . 3
. 5 . | . 3 . | . 9 .
------+-------+------
8 . 3 | . . 1 | . . 4
. . 4 | . . 7 | . . .
. 1 . | 4 2 8 | . 3 .
------+-------+------
5 3 . | . 4 . | . 6 1
. . . | . . . | . . .
. 2 . | 5 . 3 | . 8 .
```

L-3-239 — Hard — Score: 1317
```
9 . . | . 2 . | 7 . .
. 3 1 | . 6 . | . . .
. . . | 7 . 3 | . . .
------+-------+------
. 2 . | 5 . 6 | . . 1
. 7 . | . 9 . | . 5 .
3 . . | 1 . 7 | . 6 .
------+-------+------
. . . | 4 . 9 | . . .
. . . | . 1 . | 2 9 .
. . 8 | . 7 . | . . 4
```

L-3-240 — Hard — Score: 1317
```
. 3 2 | . 8 . | . 9 1
. . . | . . . | . . .
. 4 6 | 9 3 . | . . .
------+-------+------
. . . | . . . | . . 6
4 6 3 | . 1 . | 9 2 8
7 . . | . . . | . . .
------+-------+------
. . . | . 7 1 | 5 6 .
. . . | . . . | . . .
9 8 . | . . 4 | . 7 3
```

L-3-241 — Hard — Score: 1317
```
. 8 . | . 6 . | . . .
. 7 . | 9 4 . | . 1 .
4 . . | . 3 . | . 9 .
------+-------+------
7 . . | . . 3 | 8 5 .
. . . | . . . | . . .
3 6 8 | . . . | . . 4
------+-------+------
. 5 . | . 2 . | . . 1
. 4 . | . 1 8 | . 2 .
. . 4 | . . . | 5 . .
```

L-3-242 — Hard — Score: 1329
```
. . . | 3 . . | . 7 .
8 3 7 | . . 6 | . . .
5 . . | . . . | 1 3 .
------+-------+------
. . . | . . 3 | . . .
3 9 . | 2 . . | 4 5 .
4 . 2 | . . 1 | . . .
------+-------+------
. . . | 6 . . | . 4 .
7 . . | 1 2 5 | 9 . .
1 . . | . . 4 | 8 . .
```

L-3-243 — Hard — Score: 1332
```
. . . | 4 . 5 | . . 1
. . . | 5 2 . | . . .
7 8 2 | 1 . . | 4 . 6
------+-------+------
. 5 3 | . . . | . 4 .
. . . | . 3 . | 1 . .
. 2 . | . . . | 6 3 .
------+-------+------
8 . 9 | . . 2 | 3 1 5
. . . | . . . | 7 8 .
2 . . | . . 1 | . 9 .
```

L-3-244 — Hard — Score: 1334
```
4 . 7 | . 1 . | 8 . 5
. 8 . | 2 . 4 | . 6 .
. . 9 | . 3 . | 4 . .
------+-------+------
. . . | 7 . 1 | . . .
. . . | . 9 . | . . .
. . . | 3 . 5 | . . .
------+-------+------
. 6 . | . 8 . | 1 . .
. 7 . | 5 . 3 | . 8 .
5 . 8 | . 7 . | 6 . 3
```

L-3-245 — Hard — Score: 1334
```
3 . . | . 8 . | 2 . 9
. . . | 6 . . | . 7 .
. 4 . | . . . | . . 5
------+-------+------
. . . | . 6 2 | 8 . .
4 . 8 | . 1 . | 7 . 6
. . 9 | 7 4 . | . . .
------+-------+------
9 . . | . . . | . 2 .
. 8 . | . . 4 | . . .
5 . 1 | . 7 . | . . 4
```

L-3-246 — Hard — Score: 1334
```
8 . 6 | . . 4 | . . .
. . 1 | . . . | . . .
. 3 . | . 2 . | . 6 7
------+-------+------
6 . 5 | 4 . . | . . 2
. 1 . | 2 . 7 | . 9 .
7 . . | . . 6 | 1 . 5
------+-------+------
3 8 . | 7 . . | . 5 .
. . . | . . . | . 9 .
. . . | 5 . . | 6 . 8
```

95

L-3-247 — Hard — Score: 1336

			2					
	2	8	9	7		1	5	
1					8	7		9
		1					7	
	5		4			9		8
		4					3	
4					5	8		7
	9	3	7	4		5	6	
				8				

L-3-248 — Hard — Score: 1336

	8	7					1	
2	1				7		4	
				1	2	7		
		5	2		4		3	
			5	3	6			
2		7			1	5		
		3	1	7				
4		6					9	8
6					1	7		

L-3-249 — Hard — Score: 1336

	1							3
	7		6	2		5	4	
		4		5				
		9					5	7
	5						6	
4	8					9		
					9	4		
	9	5		7	3		1	
8							7	

L-3-250 — Hard — Score: 1358

		8			1			
2			5					3
	7		3		8		5	
	6		9		5		3	
		9	1		7	5		
		7			2			
			6		3			
			4	1	9			
	8					9		

L-3-251 — Hard — Score: 1358

	4	3				5	2	
		5		4		7		
7				5				4
4			5	1	6			2
		6	2	3	9		7	
9								5
1				9				8
			4			2		
			7		8			

L-3-252 — Hard — Score: 1359

4			3			6		1
			5				3	9
					6	5	7	
			3	2	4			7
				9		7		
7					1	3	9	
		2	6	4				
9	1				3			
3			5			8		2

L-3-253 — Hard — Score: 1379

	8	6			7	5		
			5	3	7			
		7			2			
		5	2		3	9		
	3					7		
	4			9		6		
5								1
		3		5		6		
		2		6	8	4		3

L-3-254 — Hard — Score: 1387

			9		1			
	2				6			
		9		5	4	1	8	
	1			2			7	
		3			8			
	8			3			9	
8	5	1	7		3			
		7					4	
				1		3		

L-3-255 — Hard — Score: 1387

8		5			7	2		
		4		2		8		
								1
				7			8	9
		6					1	
7	5			2				
5								
				6		1		2
			7	4		3		8

L-3-256 — Hard — Score: 1388

		5			2			
	7					3		
			6		3			
7		3		1		6		2
		6	4				5	7
	6	4				5	7	
	3			9			5	
	8		1		6		2	
2	4		8		7		1	6

L-3-257 — Hard — Score: 1395

5				1				6
6			8	4	3			2
7	3	4				1	9	8
	6			3			1	
		9	5		6	4		
				9				
	1	6		8		9	5	
5			4		9		2	

L-3-258 — Hard — Score: 1398

			1				2	
	5					8		
2	4	9		5			3	
		4		1				7
3				5	9	6		4
1				4		3		
	8			7		1	9	2
			1				4	
	1					6		

96

L-3-259 — Hard — Score: 1406

1	.	.	.	.	.	.	.	.
9	.	8	.	7	4	.	.	1
.	7	5	.	.	.	9	.	.
.	.	.	1	2	5	.	4	.
.	.	9	.	7	.	.	.	.
8	.	6	4	3	.	.	.	.
.	.	7	.	.	.	3	4	.
2	.	.	7	8	.	6	.	9
.	.	.	.	.	.	.	.	7

L-3-260 — Hard — Score: 1416

7	.	.	2	.	3	.	.	.
.	.	8	.	5	.	2	.	.
.	3	6	.	.	.	5	.	.
.	4	2	.	.	.	.	.	5
.	.	.	3	6	4	.	.	.
.	8	.	.	.	.	1	4	.
.	.	1	.	.	.	8	9	.
.	.	4	.	3	.	7	.	.
.	.	.	1	.	9	.	.	2

L-3-261 — Hard — Score: 1427

.	.	.	6	5	7	.	.	2
7	1	3	.	.	.	4	.	.
.	5	.	.	.	.	.	.	.
.	.	.	4	.	9	1	.	3
.	.	9	.	3	.	.	6	.
3	.	4	1	.	6	.	.	.
.	.	.	.	.	.	.	4	.
.	.	9	.	.	.	8	1	6
5	.	.	.	1	4	7	.	.

L-3-262 — Hard — Score: 1446

.	.	4	.	.	.	.	.	.
.	.	1	.	.	3	.	.	5
.	.	3	2	.	.	.	4	8
.	.	7	.	.	1	.	6	2
9	.	.	7	8	2	.	.	4
2	5	.	4	.	.	9	.	.
6	8	.	.	.	4	1	.	.
7	.	1	.	.	3	.	.	.
.	.	.	.	.	4	.	.	.

L-3-263 — Hard — Score: 1447

9	.	5	.	2	.	.	.	.
.	6	.	3	.	8	1	.	.
.	.	2	.	1	.	.	.	7
1	.	9	.	.	.	.	.	.
7	.	4	.	.	.	2	.	3
.	.	.	.	.	.	3	.	8
6	.	.	5	.	8	.	.	.
.	.	8	1	.	9	.	6	.
.	.	.	.	3	.	7	.	1

L-3-264 — Hard — Score: 1448

.	.	.	1	.	.	.	5	.
1	4	.	.	.	.	2	3	9
.	.	9	.	.	2	.	.	1
6	.	.	5	.	3	.	.	7
.	.	.	6	.	8	.	.	.
7	.	4	.	2	.	.	.	8
5	.	.	7	.	.	4	.	.
4	8	7	.	.	.	.	9	3
.	6	.	.	.	3	.	.	.

L-3-265 — Hard — Score: 1449

.	.	4	3	.	6	2	.	.
.	.	.	.	.	.	.	.	.
3	6	.	2	1	4	.	8	9
.	.	9	5	.	1	6	.	.
.	1	.	.	8	.	.	3	.
.	5	.	.	.	.	.	4	.
1	8	.	.	.	.	7	6	.
.	4	.	.	3	.	.	9	.
.	.	.	1	.	7	.	.	.

L-3-266 — Hard — Score: 1477

2	.	3	6	.	9	7	.	8
.	6	.	.	.	.	.	9	.
5	.	.	.	.	.	.	.	1
.	.	.	.	3	.	.	.	.
.	3	.	1	.	6	.	4	.
8	.	.	2	.	5	.	.	3
.	2	.	.	.	.	.	1	.
6	.	.	.	.	.	.	.	4
.	.	9	8	.	1	5	.	.

L-3-267 — Hard — Score: 1487

.	6	.	9	.	5	.	4	.
.	3	.	.	.	.	.	.	.
5	.	.	.	2	8	.	.	.
3	1	5	.	.	.	9	2	.
.	.	8	.	.	.	6	.	.
4	9	.	.	.	.	7	3	8
.	.	2	7	.	.	.	.	5
.	.	.	.	.	.	.	6	.
.	5	.	1	.	6	.	9	.

L-3-268 — Hard — Score: 1495

.	8	.	.	.	5	.	.	.
.	.	.	9	6	.	7	.	.
.	6	.	.	.	8	.	4	5
.	7	6	.	.	.	.	5	3
8	.	.	.	9	.	.	.	7
1	4	.	.	.	.	9	6	.
5	3	.	1	.	.	.	7	.
.	.	4	.	.	2	6	.	.
.	.	.	8	.	.	.	9	.

L-3-269 — Hard — Score: 1496

.	.	7	.	.	.	1	.	9
9	.	8	.	.	4	.	.	.
.	.	.	.	9	.	.	4	.
.	.	9	.	7	2	.	.	8
6	.	.	.	.	.	.	.	5
7	.	.	3	5	.	2	.	.
.	1	.	.	2	.	.	.	.
.	.	5	.	.	.	8	.	6
5	.	3	.	.	.	7	.	.

L-3-270 — Hard — Score: 1497

.	.	.	2	1	5	.	.	.
4	.	7	.	9	.	8	.	2
.	.	.	.	.	.	.	.	.
.	.	4	.	.	.	7	.	.
6	7	.	1	5	9	.	2	3
1	.	.	.	.	.	.	.	9
.	4	.	.	.	.	.	7	.
5	.	9	4	.	8	2	.	6
.	.	.	.	2	.	.	.	.

L-3-271 — Hard — Score: 1498

2	3		4		1		9	6
		9				2		
				6				
	1		5		6		2	
	7			9			1	
		5				6		
	4	8		1		7	5	
	5			3			8	
		3				1		

L-3-272 — Hard — Score: 1500

			6			1		
	1	4				5	9	
		2				6		
			8	1	7			
8		1	2		5	9		3
4				7				8
	5		9	8	4		7	

L-3-273 — Hard — Score: 1506

6			7		2			5
			2	6		4	9	
	9						7	
	7		9		5		6	
	1	5				3	8	
	6		8		1		5	
	9					1		
			1	7	3			
			5		9			

L-3-274 — Hard — Score: 1515

8		2			4			
	5	7	3		4			
				2		3	5	
				5		6	8	
			1					
7	6		8					
1	7		4					
			9		7	5	4	
		4			9			7

L-3-275 — Hard — Score: 1526

			8			4	7	
		7	5		9		2	
	3				4			
5						6	9	
				9				
8	7							3
			9			8		
	2		3		1	9		
	9	6			5			

L-3-276 — Hard — Score: 1528

2			6					4
						9		8
	5		7				1	9
6		1			7			
	4		2		5		6	
			9			7		8
7	1				6		2	
	2		1					
3					2			5

L-3-277 — Hard — Score: 1535

6	8		9		3		5	4
		4	7		8	9		
	9			6			3	
	1	8				7	9	
4	7						2	3
		1		2				
		9	5	7	4	2		

L-3-278 — Hard — Score: 1539

	8						5	
		5	7	8		9		
	2			1				
4				6		8		
		8		4	3			5
7					8		3	
	9			3				
		3	8	2		1		
	4						2	

L-3-279 — Hard — Score: 1543

		3				8		
	6	2		7		5	1	
					1			
			5	3	6			
5		6		9		1		3
3	9		6		1		2	4
				8		3		
6	1						8	5

L-3-280 — Hard — Score: 1544

		3		8	2			
	8		5				9	
					1	4		
4				1	5	6		
	5	9				8	1	
		2	8	7				4
		5	1					
	6				9		7	
			3	6		5		

L-3-281 — Hard — Score: 1559

6			3		1			2
	5			6			9	
1								7
5	2						4	3
				1				
		9	2		7	6		
8	1						7	4
3				5				9
				7				

L-3-282 — Hard — Score: 1566

	5		1	2				6
4			7				3	2
1						5		
		4		5	6			
6								7
			8	7		6		
	9							1
7	6				9			4
3				6	1		7	

Sudoku — Hard

L-3-283 — Score: 1567

		3		4				
8		2		7				1
	9		6	1	5		7	
9			5		8			6
		8				4		
			4	3	6			
3	8	9				7	5	4
		2				1		
7		1		4		9		2

L-3-384 — Score: 1586

9			6				7	
	7			5	3	8		
	9	6	8				3	
	4	3				5	2	
	2				7	6	9	
		1	7	8			6	
3					2			4

L-3-285 — Score: 1587

			7	6	9			
		2		5		7		
	6						5	
			1		8			
7	1					5	2	
	3			2			1	
		4	9		1	2		
7	9						3	1
	2			7			9	

L-3-286 — Score: 1605

	3				1	9		
8			3				4	
		4		2				7
	5	8	9					6
			2					
9				6	5	3		
7			2		8			
	6			7				2
	8	4				7		

L-3-287 — Score: 1668

		5						8
8	7						1	
9				3	6			
			5		2			
	1	6		4				
			9		7			
2				1	3			
3	5						4	
		1						9

L-3-288 — Score: 1676

1	6						2	3
9	7						8	1
4								6
				8				
		7	9		3	8		
				7				
	3		4		9		1	
8	1	3		5	4	9		

L-3-289 — Score: 1678

8	7				5			
	2	4			5			
			9	8			2	
5		6			2			8
	8	7	1	5	9	3	6	
3			8		2		5	
	6			9	8			
			7			8	5	
		8					1	6

L-3-290 — Score: 1699

5				1				7
		1				6		
	2						8	
9	8	1		7	2	5		
7		4		5		9		
5			2				6	
	3			4			7	
		9		7		8		
1		6		3		4		

L-3-291 — Score: 1718

				1		4		
		3	2		6			1
			3	4				
	4		8			2	9	
		9		5		6		
	3	8			2		1	
				2	9			
8			4		3	7		
	5			8				

L-3-292 — Score: 1728

	8	7			2			9
9				1		3		
5		1						7
		5		7			8	
			2		9			
	4			5		6		
2						4		8
	7		8					6
8			6			9	2	

L-3-293 — Score: 1735

5	2	1			4			
6	9	3	8				2	
7				2				
1	3	5						9
		9				6		
2						5	7	1
				7				8
	6				9	3	1	2
			2			7	5	6

L-3-294 — Score: 1744

3		4	9					
1	9		8			4		
					3	1		9
	1		7				5	
		2				7		
	6				5		4	
7		8	2					
		1			7		2	6
					1	5		7

99

Sudoku — Hard

L-3-295 — Hard — Score: 1745

6	.	.	.	.	9	.	.	.
.	.	.	1	.	.	.	4	.
.	.	.	3	6	.	9	8	.
.	.	7	.	.	.	8	.	3
.	.	4	.	7	.	6	.	.
1	.	8	.	.	.	5	.	.
.	4	6	.	3	1	.	.	.
.	9	.	.	.	2	.	.	.
.	.	5	.	.	.	.	.	7

L-3-296 — Hard — Score: 1748

.	1	.	.	.	.	.	.	9
.	.	7	.	3	9	.	.	1
9	.	6	2	.	.	.	.	.
8	.	3	.	.	1	2	.	.
.	.	.	.	2	.	.	.	.
.	.	4	3	.	.	8	.	7
.	.	.	.	.	5	1	.	4
4	.	.	1	7	.	6	.	.
6	.	.	.	.	.	8	.	.

L-3-297 — Hard — Score: 1749

.	5	.	.	.	2	.	.	.
.	.	1	.	.	.	.	.	8
9	.	.	.	7	.	1	.	6
.	.	1	9	3	.	.	.	5
.	.	.	.	9	.	1	.	.
4	.	.	.	.	5	8	9	.
3	.	4	.	8	.	.	.	9
7	.	.	.	.	.	6	.	.
.	.	.	2	.	.	.	4	.

L-3-298 — Hard — Score: 1755

.	5	.	.	.	.	6	1	.
.	4	.	.	.	.	.	.	.
7	.	.	6	.	4	8	3	.
.	.	5	8	.	.	.	.	7
.	.	2	.	6	.	.	.	.
4	.	.	3	7	.	.	.	.
2	8	9	.	7	.	.	.	6
.	.	.	.	3	.	.	8	.
5	3	.	.	2	.	.	.	.

L-3-299 — Hard — Score: 1779

.	.	2	.	.	4	.	.	.
5	3	.	.	4	.	6	.	.
.	.	.	3	6	.	.	.	1
.	8	.	4	.	3	1	.	.
7	.	.	8	.	.	.	5	.
.	2	3	.	.	5	.	8	.
9	.	.	5	7	.	.	.	.
.	7	.	9	.	.	.	5	4
.	.	.	6	.	.	9	.	.

L-3-300 — Hard — Score: 1817

2	4	1	.	.	.	.	.	.
7	6	.	.	.	5	.	2	.
.	.	.	.	.	.	.	.	1
.	.	3	.	1	6	.	4	2
.	2	.	.	5	.	.	3	.
1	8	.	2	3	.	6	.	.
9	.	.	.	.	.	.	.	.
.	1	.	4	.	.	.	5	6
.	.	.	.	.	.	7	9	3

L-3-301 — Hard — Score: 1828

7	.	6	.	.	.	3	.	.
.	.	.	1	3	9	.	.	.
.	.	.	.	.	5	.	1	.
.	.	7	.	.	8	3	2	.
4	.	2	.	9	.	.	.	8
.	3	8	5	.	6	.	.	.
3	.	4	.	.	.	.	.	.
.	.	9	1	5	.	.	.	.
.	6	.	.	4	.	.	.	9

L-3-302 — Hard — Score: 1830

.	.	.	.	7	.	.	.	.
1	.	.	9	5	4	.	.	6
7	.	.	6	1	3	.	.	9
.	.	.	.	.	.	.	.	.
6	1	.	.	4	.	.	7	3
.	.	3	.	.	.	.	.	1
.	2	.	4	.	7	.	5	.
8	.	4	.	.	3	.	9	7
.	.	.	.	.	8	.	.	.

L-3-303 — Hard — Score: 1837

9	.	.	.	6	.	.	.	2
.	1	.	.	.	.	.	8	.
.	7	.	8	.	.	1	.	4
.	.	9	.	.	.	7	.	.
.	.	3	.	9	.	4	.	.
7	.	.	5	.	6	.	.	1
.	.	7	.	.	.	2	.	.
.	5	.	.	7	.	.	3	.
2	.	1	.	4	.	8	.	7

L-3-304 — Hard — Score: 1837

9	.	.	7	.	1	.	.	5
.	.	2	9	3	5	4	.	.
5	.	.	4	.	6	.	.	8
.	.	.	8	.	3	.	.	.
4	.	8	.	.	.	1	.	7
.	.	9	.	.	3	.	.	.
.	.	.	.	9	.	.	.	.
.	6	.	.	7	.	1	.	.
7	.	.	.	1	.	.	.	2

L-3-305 — Hard — Score: 1848

4	3	.	.	2	.	.	.	1
.	.	.	.	.	9	.	.	.
7	.	.	.	4	.	8	6	.
.	.	9	7	.	.	.	.	5
1	.	.	.	.	.	.	.	9
8	.	.	.	.	.	2	4	.
.	1	4	.	5	.	.	.	8
.	.	.	.	7	.	.	.	.
2	.	.	.	6	.	.	3	4

L-3-306 — Hard — Score: 1854

.	.	.	.	.	1	.	.	2
.	.	.	.	6	.	9	8	.
.	.	7	.	.	.	.	4	.
9	.	.	.	.	.	1	.	3
.	.	3	.	7	.	2	.	8
6	.	.	.	3	.	.	.	9
.	.	.	1	.	.	.	.	6
.	.	.	2	4	.	8	.	.
4	.	.	.	5	.	.	.	.

100

Sudoku Puzzles — Hard

L-3-307 — Hard — Score: 1866

			3			6		
		1		2			7	3
				7	8			
5		4			1	7		
9				4				2
		8	2			1		4
		1	4					
4	6		7		3			
	8			5				

L-3-308 — Hard — Score: 1873

	9	5		6	3			
3				8				9
	4						5	
7	3						8	2
5				4				1
				9				
	7	2	6			3	1	9
		6	8			2	7	

L-3-309 — Hard — Score: 1895

						4		9
5			6		8	3		
4			9	3				8
					7	1	8	
7	6						5	3
		8	1	2				
8				7	2			5
		5	8			3		9
	2		5					

L-3-310 — Hard — Score: 1897

5		7	3		4	6		9
		6				5		
		4				3		
9		3				2		6
			9		1			
3			1		2			4
	6			5		8		
7				4				2

L-3-311 — Hard — Score: 1917

6		7	2	1				
	4		7					
		2			6	5		9
		9						5
	2						3	
7					8			
8		3	6			4		
				8		5		
			2	4	7		1	

L-3-312 — Hard — Score: 1955

8					3			
			8	6	7		3	
			3	9				
	7	2					4	6
	5			6		4		2
	1	4					5	9
						6	7	
	6			5	2	9		
				4				9

L-3-313 — Hard — Score: 1965

	9				8	4		
4			5	9				
	6	1	4		3		8	
2				5	4	9	7	
	5	4	7	2				6
	8		3		5	1	9	
				8	7			3
		5	1				4	

L-3-314 — Hard — Score: 1967

2	7		8					
5		8			7	9	2	
				1				
	6	7				3		
		3		8		5		
		2				7	1	
				7				
	9	1	4			2		5
					1		9	6

L-3-315 — Hard — Score: 1977

		6		7			8	
				2				7
		7		4			5	
7	2			3	8	9		5
			9			1		
5			1	9	7		3	2
		5				7		2
2					1			
	9					3		1

L-3-316 — Hard — Score: 1987

6			3		7		8	
		5		8				
3	8					7	4	
			7	6	1		5	4
	6			9			3	
5	4		8	3	2			
	7	2					1	6
				7		4		
	3		1		8			5

L-3-317 — Hard — Score: 1987

	2	1		8	3			
6		8	5					
		2						
3		6			7	5		
		4		5		3		
		5	9			6		1
				9				
				8	9			3
			7	4		8	1	

L-3-318 — Hard — Score: 1995

						4		7
2		1		8				
		4		2		7	6	
5	6	3		7		4		
4	1			9			7	5
		8		2		1	3	6
	9	7		8		6		
			6		3			4
6			1					

Sudoku Puzzles — Hard

L-3-319 — Hard — Score: 1996
```
. . 5 | . . 7 | . . .
. 3 . | 8 . . | . 5 .
6 . . | . . 4 | 7 . 1
------+-------+------
8 4 . | . . . | . . 5
. . . | 9 . 5 | . . .
1 . . | . . . | 6 2 .
------+-------+------
5 . 7 | 1 . . | . . 9
. 1 . | . . 9 | . 8 .
. . 7 | . . 3 | . . .
```

L-3-320 — Hard — Score: 2177
```
5 4 . | . . . | 7 . .
. . . | 7 3 8 | . 5 .
. . . | . . . | . 4 .
------+-------+------
. . . | 7 3 . | . 2 .
6 . . | 4 . 2 | . . 3
. 2 . | . 5 6 | . . .
------+-------+------
. 1 . | . . . | . . .
. 6 . | . . 2 | 1 8 .
. . . | 9 . . | . 7 2
```

L-3-321 — Hard — Score: 2215
```
4 6 . | . . . | . 5 9
1 . . | . . . | . . 7
. . . | 8 . . | . 2 .
------+-------+------
8 . . | . . . | . . 5
. . . | 2 8 . | 4 9 .
. . 9 | . . 2 | . . 1
------+-------+------
. . . | 1 3 8 | 9 5 .
2 . . | . 6 . | 1 . 8
9 . . | . . . | . . 6
```

L-3-322 — Hard — Score: 2216
```
. . 1 | . . 6 | . . .
. 8 3 | . . 5 | 7 . .
. . 6 | . 9 4 | . . .
------+-------+------
8 . . | . . . | . . 5
. . 8 | . 6 . | . . .
. 3 . | . . . | 8 . .
------+-------+------
. . 1 | . 4 . | . . .
. . 9 | . 5 . | . . .
7 9 . | . 3 . | . 4 2
```

L-3-323 — Hard — Score: 2298
```
. . . | . 4 . | 8 . .
3 4 . | 6 . 8 | . . 1
2 . . | 3 . . | . . 6
------+-------+------
8 3 2 | . . 4 | . . .
. . . | . . . | . . .
. . . | . 9 . | 4 3 8
------+-------+------
1 . . | . . 9 | . . 7
5 . . | 7 . 2 | . 8 4
. . 9 | . 5 . | . . .
```

L-3-324 — Hard — Score: 2315
```
. . . | 1 . . | 2 4 .
3 . . | . 1 7 | . . 2
. . 5 | . 8 . | . . .
------+-------+------
. . . | 6 . 3 | . 4 9
7 . . | . . . | . . 6
9 4 . | . 6 . | 3 . .
------+-------+------
. . . | . . 7 | . 9 .
1 . . | . 8 6 | . . 3
. . 3 | 2 . . | 6 . .
```

L-3-325 — Hard — Score: 2327
```
2 . 6 | . . 9 | . 3 .
. . . | . 7 . | . . .
. . 5 | 2 . . | . 6 1
------+-------+------
. 9 . | 6 . 5 | . . .
6 . . | . 4 . | . . 9
. . . | 7 . 1 | . 8 .
------+-------+------
4 8 . | . . 3 | 2 . .
. . . | 4 . . | . . .
3 . 7 | . . . | 4 . 8
```

L-3-326 — Hard — Score: 2471
```
. . . | 1 . . | 7 . .
2 6 . | 9 . 1 | . . 7
. 4 . | 8 . . | 5 9 .
------+-------+------
. . . | 4 . . | . 5 3
3 . . | . . . | . . 2
1 2 . | . . . | 8 . .
------+-------+------
. 1 7 | . . 4 | . 2 .
4 . . | 6 . 9 | . 1 8
. . . | 7 . . | 4 . .
```

L-3-327 — Hard — Score: 2476
```
. . . | 5 . 8 | . . .
. . . | . . . | 8 . 5
8 . 9 | . 3 . | . 2 4
------+-------+------
6 . . | . 4 . | 1 . .
. 9 . | 7 . 3 | . 8 .
. . 2 | . 8 . | . . 6
------+-------+------
1 4 . | . 7 . | 2 . 8
7 . 3 | . . . | . . .
. . . | . 3 . | 4 . .
```

L-3-328 — Hard — Score: 2854
```
. . . | 9 . 4 | 2 . .
. . 6 | . . 5 | 1 3 .
. . . | 5 1 . | . . .
------+-------+------
8 . . | . . . | 9 . .
. 9 7 | 1 5 2 | . . .
. 6 . | . . . | . . 1
------+-------+------
. . 1 | 6 . . | . . .
9 1 3 | . . 8 | . . .
. 4 7 | . . 2 | . . .
```

L-3-329 — Hard — Score: 2857
```
. 1 . | . . 3 | . 2 4
. . . | . . 1 | 5 . .
5 . 9 | . 7 . | . . .
------+-------+------
. . . | 4 . . | 2 5 .
9 . . | . . . | . . 1
. 5 8 | . . . | 2 . .
------+-------+------
. . . | 3 . . | 7 . 8
. . 7 | 1 . . | . . .
1 8 . | . 6 . | . . 3
```

L-3-330 — Hard — Score: 3056
```
3 . . | . . . | 4 . .
. 9 . | . . . | 6 1 .
. . . | . 1 3 | 4 . 8
------+-------+------
. . 4 | . 2 6 | . . 7
8 . . | . . 9 | 4 . 2
1 . . | . 7 9 | 5 . .
------+-------+------
. . . | 4 6 . | . . 7
. . 6 | . . . | . . 1
. . . | . . . | . . .
```

Made in United States
North Haven, CT
01 May 2023

36096376R00059